16me Siècle.

Orfevre.

Orfèvre, d'après Aman. — Entourage typographique d'un livre de prières. 1530.

A. ALEXIS MONTEIL

HISTOIRE
DE
L'INDUSTRIE FRANÇAISE
ET DES
GENS DE MÉTIERS

INTRODUCTION, SUPPLÉMENT ET NOTES

PAR

CHARLES LOUANDRE

ILLUSTRATIONS ET FAC-SIMILE PAR GE

TOME SECOND

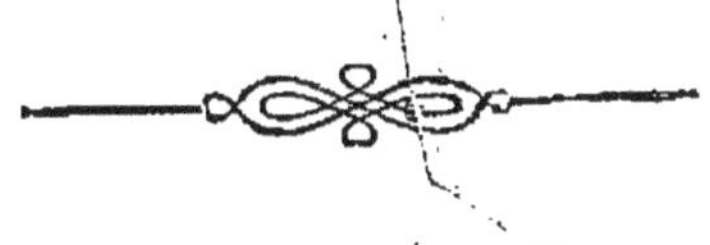

PARIS
BIBLIOTHÈQUE NOUVELLE

LIBRAIRIE PAUL DUPONT
41, rue Jean-Jacques-Rousseau, 41

LIBRAIRIE E. LACHAUD
4, place du Théâtre-Français, 4

1872

SEIZIÈME SIÈCLE

LA VISITE AUX ATELIERS

ARGUMENT

Dans son étude sur le seizième siècle, Monteil nous donne le journal de voyage d'un Espagnol qui parcourt la France, avec la curiosité d'un homme intelligent qui veut s'instruire, et ce n'est pas sans raison qu'il emprunte ici la plume de cet étranger, car à cette époque la rivalité de la France et de l'Espagne portait les deux peuples à s'occuper tout particulièrement l'un de l'autre et à se comparer entre eux.

En désignant sous le nom de *Renaissance* l'époque à laquelle nous sommes parvenus, les historiens ont exprimé une idée très-juste, car c'est bien l'antiquité qui renaît avec tous ses souvenirs profanes, et le culte de la beauté matérielle. Le moyen âge demandait avant tout aux beaux-arts un enseignement moral et religieux. La Renaissance leur demande à son tour un éblouissement pour les yeux, un plaisir pour l'intelligence. Elle embrasse dans une immense révolution la société tout entière, et marque de son cachet l'industrie elle-même.

Les *entailleurs d'images*, les *verriers*, les *enlumineurs*, les *potiers*, les *maçons*, les *charpentiers de la grande cognée*, ne sont plus, comme au moyen âge, d'obscurs artisans, des *gens mécaniques* qui meurent inconnus dans la ville qui les a vus naître; ce sont de grands artistes que les rois et les plus hauts personnages appellent auprès d'eux, et dont le nom est répandu dans le royaume entier: ils se nomment Philibert Delorme, Pierre Lescot, Jean Goujon, Germain Pilon, Jean Limousin, Jean Courteys, Martial Raymond, Guy le Flameng, Jean Pinchon, Duguernier, Godefroy.

Les objets les plus vulgaires, les plats, les assiettes, les serrures se transforment en chefs-d'œuvre artistiques. Le génie païen de la Grèce et de Rome met partout son empreinte. Les figures de la Bible et de l'Apocalypse font place aux figures mythologiques. Silène reparaît sur les aiguières et les hanaps, traîné, comme sur les coupes grecques, dans un char attelé de panthères et de lynx. Les ménades et les sylvains, les faunes aux pieds de bouc, font cortége à Bacchus, sur les tapisseries de Lorraine, et les cavaliers romains se battent, sur les émaux de Jean Courteys.

Les sciences, sécularisées comme les arts, se vulgarisent comme eux. Les alchimistes ne s'enferment plus, comme au moyen âge, dans la recherche de la pierre philosophale et de l'or potable. Ils appliquent à l'industrie leurs connaissances sur les combinaisons et les transmutations des corps, parce que l'industrie leur donne cet or qu'ils demandent en vain aux formules de la *Table d'Émeraude* et aux conjonctions des astres. Les procédés de fabrication, qui jusqu'alors avaient été tenus secrets, sont divulgués par l'imprimerie, et les guerres de religion, la misère et la famine n'arrêtent pas plus le progrès industriel que ne l'avaient fait dans le siècle précédent les guerres des Anglais et des ducs de Bourgogne, car le génie de la France survit à toutes les catastrophes, et marche toujours, comme la fourmi Termès de la légende antique.

Les guerres d'Italie et les fréquents rapports qui s'étaient établis entre la France et la Péninsule contribuèrent, dans une large mesure, aux progrès qui se sont accomplis chez nous au seizième siècle. Charles VII avait à peine franchi les Alpes qu'il songeait déjà à utiliser les ouvriers et les artistes italiens. « J'ai trouvé en ce pays, écrivait-il à son frère Pierre de

Bourbon, des meilleurs peintres, pour faire aussi beaux planchers qu'il est possible... pourquoi je m'en fourniray et les mèneray avec moi pour en faire à Amboise ». En attendant que le moment fût venu de faire les planchers d'Amboise, il fit emballer pour la France, les tapisseries, les statues, les meubles précieux qui lui tombèrent sous la main, et il en orna les résidences royales. François Ier se montra plus scrupuleux; au lieu de s'emparer des objets d'arts, il attira les artistes dans son royaume et les paya largement. Les Français ne voulurent pas rester au-dessous des étrangers, et sans produire d'aussi grands maîtres que l'école italienne, notre école nationale put du moins se montrer en quelques points capable de rivaliser avec elle.

Quoique la législation des arts et métiers fût encore la même qu'au moyen âge, les rois y dérogèrent souvent, et favorisèrent, par des concessions libérales, l'initiative des inventeurs et des industriels qui perfectionnaient les procédés de fabrication. Ils les autorisèrent à faire autrement que ne le voulaient les statuts des métiers, et l'on trouve au seizième siècle de nombreux priviléges qui autorisent l'emploi des machines nouvelles. Les corporations ne manquaient jamais de protester; elles intentaient des procès à ceux qui voulaient s'écarter de leurs anciens usages; mais les rois, de leur côté, se montraient presque toujours favorables aux innovations, et sous ce rapport, comme sous bien d'autres encore, ils étaient de plusieurs siècles en avance sur leur temps. L'histoire a tant de motifs légitimes pour se montrer sévère à leur égard, qu'elle doit au moins leur rendre justice quand elle en trouve l'occasion.—L.

LE BERCEAU DU GENRE HUMAIN

Les premiers hommes, vêtus et nourris par l'heureux climat des régions où ils étaient nés, durent d'abord se construire des retraites contre les bêtes féroces, qu'ils entendaient rugir autour d'eux.

Bientôt ils durent porter quelques meubles dans leurs habitations.

Devenus de plus en plus nombreux, ils durent passer dans les régions septentrionales, ils durent se vêtir.

Dans ces régions, le froid dut aussi les forcer à se chauffer ; les longues nuits, à s'éclairer ; le défaut de fruits, à s'approprier de nouveaux aliments, à les préparer.

Après les repas, les festins, ils durent, avec les restes, se faire des osselets, des dés, d'autres instruments de jeu.

Dans leurs joviales assemblées, ils durent chanter, se faire des instruments de musique.

Dans leurs disputes, leurs querelles, ils durent s'armer, se faire des armes, ou du moins perfectionner celles qu'ils s'étaient faites pour la chasse.

La diversité des régions qu'ils habitaient dut nécessiter les échanges ou le commerce, qui dut nécessiter les transports et les voitures,

Qui dut nécessiter aussi la monnaie.

Enfin, ils durent éprouver les besoins de l'esprit, les besoins de se communiquer les pensées, les besoins de la parole, les besoins de se la transmettre, les besoins de l'écriture, des livres.

Ainsi, je commencerai par les maisons, par leur construction.

LA MAÇONNERIE.

Un Espagnol a d'abord quelque peine à s'accoutumer à l'air épais de Paris. Dans le commencement du séjour que j'y ai fait, j'allais souvent à la campagne. Un jour, en me promenant sur les hauteurs de Fresnes, je me trouvai au milieu d'un atelier de maçons, dont le chef me surprit par son intelligence, son activité, et par la précision de ses ordres. Cette pierre est mûre, disait-il à un maçon ; celle-là ne l'est pas. Celle-ci, disait-il à un autre, a les dimensions fixées par les ordonnances ; celle-là ne les a pas. Mon ami, disait-il encore à un autre, le roi a voulu que les briques eussent telle longueur, telle largeur, telle épaisseur ; il faut obéir au roi.

Au risque d'être accueilli comme un importun, je me hasardai à aborder cet homme ; je voulus savoir et je lui demandai de quoi était composé le ciment que ses ouvriers mettaient entre les pierres. De fer, de charbon, de résine, d'huile et de graisse, me répondit-il avec beaucoup de politesse. Je lui fis une seconde question, sur la composition des pierres fondues, à laquelle il répondit avec la même politesse. Nous liâmes conversation, et je reconnus que celui que je prenais pour le chef d'atelier était le propriétaire.

Voilà ce que c'est que d'être le maître, lui dis-je ; il n'y a dans votre maison pierre qui ne soit posée à votre fantaisie.— Sans doute ; mais vous ne savez pas combien il m'en coûte. Maintenant on paye :

La journée d'un maçon, 10 sous ; celle d'un maçon limousin, 7 sous ; celle d'un manœuvre, 5 sous ; — le millier de briques, 12 livres ; — la toise de pierres de taille posées, 85 livres.

Toutefois, je prends patience quand je me rappelle que le siècle actuel a dédoublé les murailles du siècle dernier, qui avait dédoublé celles du siècle précédent, et qu'il m'en aurait coûté le double au quinzième siècle, et le triple au quatorzième.

Ce bon propriétaire paraissait ne pas se lasser encore de moi. Nous tournions autour de ses constructions. En France, me dit-il, la mode des bâtiments offre des changements tout aussi frappants que celle des habits. Plus de lugubres tours ! des pavillons larges et gracieux ; plus de vilains escaliers à vis ! des escaliers doux, à repos, à montées droites. On ne voûte plus maintenant que les caves et les premiers étages ; maintenant, les portes intérieures, raisonnablement exhaussées, ne brisent plus la tête de ceux qui, par distraction, ne la baissent pas. Dans tous les appartements, beaucoup de longues et larges ouvertures, beaucoup de lumière, beaucoup d'air (1).

(1) Monteil constate ici, avec son érudition ordinaire, les modifications profondes que subit dans la France du seizième siècle l'architecture civile, et les améliorations qui furent réalisées à la même époque dans l'art de bâtir. Ces modifications sont uniquement attribuées aux expéditions en Italie et à la renaissance des lettres classiques. Mais ces deux causes ne sont point les seules. Malgré les guerres de religion et les guerres étrangères, la fortune publique s'était développée dans des proportions considérables. Les croyances religieuses armaient encore les bras, mais elles n'échauffaient plus les cœurs, et le problème du bonheur céleste n'était plus la seule préoccupation des esprits, comme dans le moyen âge. On avait besoin de bien-être, de confortable, comme on dirait aujourd'hui ; on le cherchait partout, et la haute noblesse, les riches bourgeois, dépensaient leur fortune pour se procurer des installations élégantes et commodes. Les nobles, qui jusqu'alors avaient exclusivement résidé dans les campagnes, comprenant que depuis l'invention de la poudre à canon les châteaux forts, bâtis en vue d'un autre système de guerre, avaient perdu leur importance, se firent construire dans les villes de beaux hôtels

LA CHARPENTE.

Comment trouvez-vous mes charpentes? me demanda ensuite ce propriétaire. — Très-belles, très-hardies. — Eh bien ! les pièces n'ont pas plus de deux pieds de long ; et cependant, par leur disposition, leur agencement, elles sont aussi solides que les forts chevrons, les fortes poutres ; c'est un prodige d'invention et de perfection dû à notre Delorme (1).

qu'ils venaient habiter l'hiver; les bourgeois agrandirent et embellirent leurs maisons. L'art de bâtir, qui était resté jusqu'alors à l'état de secret, comme les autres arts, fut vulgarisé par l'imprimerie : le *Livre d'architecture*, les plus *Excellents bâtiments de France* d'Androuet du Cerceau, le *Traité de l'art de bâtir*, les *Nouvelles inventions pour bien bâtir et à petits frais*, de Philibert Delorme, formèrent d'habiles constructeurs; les ouvriers du bâtiment, bien payés, comme le dit Monteil, cherchèrent à se perfectionner. Les rois, de leur côté, en élevant les palais de Madrid, dans le bois de Boulogne, des Tuileries, de la Muette, de Villers-Cotterets, de Chantilly, de Folembrai, de Nantouillet, de Chambord, de Meudon, d'Anet, en réparant Fontainebleau et Saint-Germain, propagèrent parmi leurs sujets le goût des constructions somptueuses et placèrent sous leurs yeux d'admirables modèles, que nous imitons encore aujourd'hui, mais que nous sommes loin d'égaler.—L.

(1) Né à Lyon vers 1518, mort en 1577. On lui doit le portail de Saint-Nizier, à Lyon, les châteaux de Meudon, de Saint-Maur et d'Anet, aujourd'hui détruit, mais dont on conserve la façade à l'École des Beaux-Arts, à Paris ; les Tuileries qui se composaient, dans son plan, du grand pavillon du milieu et des galeries contiguës jusqu'aux deux pavillons carrés qui les terminent; le tombeau de François Ier, qui se voit dans l'église de Saint-Denis, et le tombeau des Valois, qui se trouvait dans la

LA COUVERTURE.

Voyez, continua-t-il, avec quel goût on place maintenant les sculptures, et avec quelles précautions nouvelles on les préserve contre l'intempérie des saisons par un enduit transparent. Quel agréable effet que celui des larmiers sculptés, que celui des faîtiers en plomb, avec leurs ornements dorés qui terminent si heureusement les sommités des toits ! Actuellement, une belle maison neuve semble, par l'harmonie de ses divers matériaux, par l'ajustement de ses diverses parties, avoir été tirée d'un grand moule. Je félicitai ce propriétaire du plaisir toujours croissant que son bâtiment lui donnait, et je le saluai.

LA MENUISERIE.

Était-ce lundi ou mardi dernier qu'une personne me dit chez moi : Allez donc voir le nouvel hôtel du banquier en cour de Rome (1) ; tout Paris y va. J'y allai ; véritablement, j'y trouvai beaucoup de monde. On admirait principalement la menuiserie, et, certes, ce n'était pas sans raison. Moi qui avais vu les plus belles

grande cour de l'abbaye de Saint-Denis et qui fut détruit en 1719. Delorme est l'un de nos plus grands artistes. — L.

(1) Les banquiers en cour de Rome étaient chargés de transmettre au pape l'argent recueilli en France pour les indulgences, les dispenses, et ce qu'on appelle aujourd'hui le denier de saint Pierre.—L.

menuiseries de France, les stalles des jacobins de Troyes, si artistement travaillées, les siéges du chœur de la cathédrale de Clermont, sortis de la main de Gilbert Chappart, qui ne leur cèdent guère; ceux de la cathédrale d'Auch, où un seul accoudoir porte toute une grande armée rangée en bataille; moi qui avais vu les magnifiques lambris des appartements de Henri II, ceux du Louvre, si ingénieusement faits qu'ils se démontent, se remontent, se plient, se déplient pour ainsi dire comme une tenture de tapisserie, je ne pouvais me lasser de voir, de revoir, d'examiner, de considérer, ces beaux parquets à compartiments de bois de chêne, jaspés d'autres bois de plusieurs couleurs; ces belles boiseries à arabesques, à filets si déliés, si purs; ces beaux plafonds à rinceaux, à caissons, à culs-de-lampe, sculptés, peints, dorés (1). Cependant, à mon avis, tout était surpassé par les alcôves à rameaux, à feuillages, à grillages, à chiffres, non à chiffres de banquiers, mais à chiffres d'amoureux, placés au milieu des emblèmes les plus tendres, que tout le monde, en circulant, admirait; c'était un grand chœur de louanges en l'honneur de la menuiserie actuelle.

(1) A toutes les époques du moyen âge, les plafonds, dans les palais et les châteaux, ont été décorés avec beaucoup de soin. Dans les maisons royales les poutres portaient des fleurs de lys d'étain doré. Les solives étaient peintes de diverses nuances ou chargées de sculptures coloriées. Les fonds étaient d'azur, pour figurer la *voûte du ciel;* on y peignait de petites étoiles, et l'on pensait ainsi donner une représentation exacte de l'infini qui s'étend sur nos têtes, car on croyait, avec la meilleure foi du monde, que le firmament était une espèce de plafond en cristal bleu, où les étoiles étaient fixées comme des clous d'or dans une tapisserie. — L.

LA MÉTALLURGIE.

Ce matin, je suis retourné à l'hôtel du banquier, et c'était un bien plus grand chœur en l'honneur de la serrurerie; il est vrai que le jour était superbe et très-propre à la faire briller. Bientôt les admirateurs se sont mis à disputer sur la qualité et le pays de ces fers dont l'éclat éblouissait les yeux; bientôt un homme aux poings calleux et noirs, à la moustache brûlée, après avoir longtemps parlé contre tous les autres et en même temps que tous les autres, est parvenu à se faire écouter et à parler seul. Ah! s'est-il écrié d'un ton ironique, je n'y entends rien, moi! je ne suis pas forgeron; je n'ai pas vu extraire, fondre, forger le fer; je n'ai pas été aux mines de Bourgogne! Quelqu'un y a-t-il été? Qu'il dise, je l'en prie, qu'on ne porte pas dans le four la matière minérale; qu'il dise aussi qu'on ne la couvre pas de castine ou terre ferrugineuse, qu'on ne la recouvre pas de charbon, qu'ensuite on n'allume pas le feu, et que l'activité n'en est pas entretenue par un gros soufflet toujours en mouvement; qu'il dise que, lorsque la matière est en fusion parfaite, on ne l'écume pas, on ne la purifie pas; qu'il dise qu'on ne la laisse pas un peu cailler, et qu'enfin, avant qu'elle soit refroidie, on ne la coupe pas en gueuses ou longues pièces de quinze, dix-huit cents livres, façonnées en lingots, en barres, par le lourd marteau du moulin. Peut-être, a-t-il continué sur le même ton, n'ai-je pas vu non plus les ateliers, les forges de Bourgogne et autres, où de grands forgerons, couverts d'un grand masque, tenant de grandes pelles, de grandes pincettes, de grands marteaux, de grandes cisailles, ressemblent, au milieu de la réverbération de ces grandes fournaises, à de grands démons travaillant dans un grand enfer. Cet homme, voyant qu'on l'écoutait avec attention, a poursuivi ainsi : Mes amis, je puis vous assurer que la différence des fers ne provient pas seulement de la différence des mines, mais qu'elle provient encore de la différence des fontes. Par exemple, voulez-vous avoir du fer dur, fondez-le avec du marbre, ou fondez-le à un feu de bois dur; voulez-vous avoir du fer doux, fondez-le avec du sablon, ou fondez-le à un feu de bois doux. La diversité des fers, a-t-il ajouté, provient aussi des trempes, telles que la trempe à l'huile, la trempe au vinaigre, au vin blanc, à l'eau de tartre, à l'eau de vert-de-gris, à l'eau de sel commun, à l'eau de raifort, à l'eau de rosée.

Cet homme continuait depuis longtemps à parler lorsqu'un autre homme, placé à côté de moi, s'en est allé en disant entre ses dents : Oh ! pour cela, il n'y entend rien ; je me suis dit aussi entre les miennes que celui qui s'en allait était plus habile. Je l'ai suivi, et, sous prétexte d'avoir affaire dans la même direction, je l'ai joint. N'est-ce pas, lui ai-je demandé, que ce forgeron connaît mieux le fer que l'acier? Vraiment oui, m'a-t-il répondu, car, s'il sait fort bien que le meilleur fer est celui de Bourgogne, au-dessous duquel est celui de Nivernais, de Périgord, de Normandie, il ne sait pas que le meilleur acier est celui d'Espagne, de Piémont, d'Allemagne, de France, même des aciéries du Nivernais et du Limousin ; car, s'il sait aussi que le quintal de minerai rend quarante, quarante-cinq livres de fer, il ne sait pas non plus combien gagne, combien perd le fer en devenant acier par la stratification avec du charbon et de la chaux, combien gagne, combien perd l'acier à l'épuration ou à la trempe. Monsieur, ajouta cet homme, je vois avec peine qu'en France on ne veut pas apprendre la métallurgie. Ah ! que ne suis-je capitaine général des mines ! Je trouverais dans notre Normandie, notre Rouërgue, une partie du cuivre que nous achetons si cher ; je trouverais dans notre Normandie, notre Languedoc, une partie du plomb, de l'étain, que nous n'achetons pas moins cher ; je trouverais dans nos différentes montagnes de l'argent, de l'or. Et vous n'ignorez pas que l'extraction, la fusion de ces métaux, sont à peu près les mêmes que celles du cuivre, de l'étain, qui sont à peu près les mêmes que celles du fer, et vous n'ignorez pas non plus que les dernières opérations épuratoires, par lesquelles l'argent n'est aujourd'hui que de l'argent, l'or que de l'or, sont connues de tout le monde (1).

Mais, me direz-vous, prenez-garde. La livre de fer ne valant que six deniers, — la livre de plomb qu'un sou, — la livre de cuivre que trois sous, — la livre d'étain que quatre sous, — la livre d'argent que

(1) Monteil, dans ce passage, donne l'opinion des gens du seizième siècle sur la richesse minérale de la France; il ne donne pas la vérité géologique. Le souvenir des anciennes mines d'or de la Gaule s'était perpétué à travers les âges, et le même instinct qui faisait chercher de prétendus trésors enfouis sous la terre ou sous les ruines des vieux châteaux, faisait chercher des mines de métaux précieux. Voici quelles sont, en réalité, nos richesses minérales :

Le fer et les combustibles, charbon de terre, anthracite, tourbe, sont les plus abondants de nos minéraux. Ils donnent un produit d'environ 300 millions et occupent 350,000 ouvriers. Le fer

trente-sept francs dix sous, — la livre d'or que quatre cent quarante-quatre francs, — il serait possible que le produit des mines fût inférieur aux frais de l'exploitation.

Ah! vous répondrai-je, n'est-ce donc rien que d'agrandir nos ateliers souterrains, que d'agrandir le domaine de nos arts? Aussi honneur, gloire à messire de Lafayette, qui aujourd'hui fouille si profondément la riche mine de sa seigneurie de Pongibaut et lui fait tous les ans payer une grosse rente de bel et bon argent qui accroît sensiblement le numéraire de l'Auvergne!

LA SERRURERIE.

Cependant, Monsieur, il faut convenir que, si l'ouvrier français n'est pas le premier pour extraire les métaux, il est le premier pour les mettre en œuvre.

se rencontre un peu partout. On compte 150 mines de fer et 1,800 minières de minerai. Le plomb est exploité dans onze mines, qui donnent un produit de 160,000 quintaux métriques. Le cuivre n'est exploité que dans le département du Rhône; il donne environ 100,000 kilog. Le manganèse est exploité dans Saône-et-Loire; il donne un produit de 400,000 fr. Les mines de plomb contenant des filons argentifères rapportent environ 500,000 fr. Quant à l'or, il ne se trouve plus qu'en paillettes, dans quelques cours d'eau tels que l'Ariége, le Gard, le Rhône; son produit ne dépasse pas 400,000 fr. Les mines d'alun et de sel gemme sont au nombre de 390. Les mines de pétrole, de bitume et d'asphalte sont au nombre de 82. Elles rapportent 2 millions. Les carrières de marbre, de grès, de trachytes, de basalte, de lave, de moëllons, sont au nombre de 21,000.—L.

Avez-vous assez examiné la magnifique serrurerie de l'hôtel d'où nous sortons (1) ?

Il va sans dire que la grande porte d'entrée, la porte de sûreté du plus riche financier, doit être forte, et elle l'est. Vous avez vu qu'elle est assujettie par un grand fléau de fer, qu'elle est défendue et ornée par de gros clous à tête de diamant qui retiennent des rosettes, des plaques ouvragées. Vous avez entendu tout le monde admirer particulièrement les heurtoirs, comme offrant la perfection de la sculpture et de la ciselure.

Les grilles des jardins, à mailles égales, interrompues par des chiffres et des écussons, annonçant également la richesse du maître et l'habileté de l'ouvrier, ont aussi été remarquées.

Toutefois on n'a pas assez remarqué dans les appartements les portes fermantes, tombantes, les portes s'ouvrant des deux côtés.

On n'a pas non plus assez remarqué des serrures à plusieurs tours, des serrures à loquet, à clanche ; d'autres serrures avec des montres représentant des édifices, des colonnades, avec des montres à l'antique, à grillages d'acier sur drap de couleur.

Moi, je me suis bien gardé de ne pas donner mon attention à toutes ces parties de l'art, de ne pas la donner surtout à celle des targettes brasées en cuivre, à l'étain, à l'argent, à celle des targettes émaillées en toutes sortes de couleurs, à celle des ornements en fer fondu, de l'invention du célèbre Biscornette, surtout à celle des feuillages, des ramages, où l'art

(1) On peut voir au Musée de Cluny, sous le n° 1602, un magnifique échantillon de la serrurerie du seizième siècle. Cet échantillon provient du château d'Anet. — L.

s'est joué du fer, l'a aminci, l'a contourné, l'a enroulé, où il l'a diversement coloré, seulement par les diverses trempes.

La serrurerie des meubles, a-t-il continué, ne vous a-t-elle pas semblé encore plus belle? Il n'est pas possible que vous ayez vu sans un vif plaisir celle des grands coffres-forts, des coffrets en fer, des coffrets de bois, dont les serrures à huit, dix, douze pênes, ont des clefs si artistement, mais si difficilement travaillées, que l'ouvrier met à un pêneton, à un seul anneau, des mois, des années entières. Je suis sûr qu'il en est de même de ces cadenas en glands, en poires, en raisins, en toutes sortes de formes ; qu'il en est de même de ces placages chargés de quatrains français, grecs, de maximes, en écriture brillante, étincelante. Je suivais depuis assez longtemps cet homme ; j'étais comme enchaîné à ses côtés par le plaisir ou le besoin de l'entendre.

LA TAILLANDERIE.

Il a continué : Je viens de dire que l'ouvrier français est le plus habile à mettre en œuvre les métaux, témoin encore les ouvrages des soixante mille ouvriers tant serruriers que taillandiers de Saint-Étienne ou du Forez, qu'on exporte jusqu'en Afrique, jusqu'au fond de l'Ethiopie. Cependant la France paye encore huit cent mille francs de faux à l'Allemagne (1). Je fais donc une exception.

(1) Il n'y a pas à s'étonner que la fabrication des faux ait été arriérée en France, puisque de nombreux règlements en avaient

LA VRILLERIE.

J'en fais une autre. Bien que la machine à tailler les limes soit gravée ou décrite dans tous les livres, la France continue à acheter les siennes chez ses voisins (1).

LA DINANDERIE.

Je n'en fais plus. Le cuivre, le laiton, est en France partout façonné en vases de formes nouvelles, partout teint de diverses couleurs, partout étendu en placages, en filets, sur les meubles, où il brille, où il rayonne.

LA PLOMBERIE.

Maintenant, au moyen des nouveaux excellents tire-plomb, les plombs de nos vitres sont également aplatis, également amincis, également ouverts des deux côtés.

interdit l'usage. Ces règlements ordonnaient de scier le blé à la faucille, méthode très-lente et qui exige beaucoup de frais, mais qui laisse aux chaumes une certaine hauteur, tandis que la faux coupe la paille au ras du sol. On voulait laisser les chaumes pour les pauvres, à titre d'aumône, et c'est encore le motif qu'invoque le Parlement de Paris dans un arrêt du 15 janvier 1780, qui prononce de fortes amendes contre des fermiers qui avaient fait faucher leurs blés, et qui les condamne à payer aux pauvres de leur paroisse la valeur des chaumes.—L.

(1) Même du temps du serrurier Jousse, qui écrivait en 1627,

Dans nos maisons, le plomb est la matière d'une infinité de meubles dorés sans or, dorés avec du safran de fer, de l'orpiment, du vitriol.

Dans nos villes, le plomb couvre tous les jours un plus grand nombre d'édifices ; il veine en canaux le sol au-dessous de nos pieds ; il s'élève au milieu des fontaines publiques en gerbes d'argent, d'or, surmontées par des gerbes d'eau.

LA POTERIE D'ÉTAIN.

Monsieur, m'a dit cet homme, que je ne cessais de suivre, d'écouter, d'applaudir, de remercier, vous aimez les arts : je voudrais ne pas être obligé de vous quitter dans un moment. Toutefois j'ai encore le temps de vous parler aussi des ouvrages en étain, et peut-être de l'orfévrerie.

J'entre chez un bourgeois, je crois entrer chez un seigneur en voyant sa vaisselle d'étain, qui a l'éclat et les élégantes formes de la vaisselle d'argent

L'ORFÉVRERIE.

J'entre chez un seigneur, je crois entrer chez Lucullus, chez Périclès ; toute son argenterie semble avoir été servie sur leurs tables. Aujourd'hui on en-

on ne fabriquait guère de limes en France ; on en fabriquait sans doute encore moins à la fin du seizième siècle. A la fin du dix-septième, comme on le voit dans le Dictionnaire de commerce de Savary, au mot *Lime*, on en achetait encore beaucoup en Allemagne.

tend Courtois, on entend les orfévres du pont Saint-Michel, c'est-à-dire les meilleurs orfévres du monde; on entend dans toute la France tous les orfévres continuellement crier dans leurs ateliers : Le romain! l'étrusque ! le grec ! l'antique! l'antique !

LA DORURE.

A mon grand regret, cet homme si instruit me quitta. Je fus tout étonné, et je le suis encore, qu'il n'employât pas un moment qui lui restait à m'apprendre ce que depuis j'ai appris, à me parler de la dorure sur métaux. En quelques mots, il pouvait me faire sommairement connaître les ingénieux procédés pour battre l'or au moyen du vélin, et pour le réduire en feuilles tellement minces, que celles d'un petit livret de cinq sous suffisent à dorer une statue de grandeur naturelle ; tellement minces, que la dorure des galons n'est que la deux-centième partie de l'argent qu'il recouvre. Je fus surpris surtout qu'il ne me parlât pas des ingénieux procédés pour dorer avec l'or moulu ou l'or amalgamé avec le mercure.

L'HORLOGERIE.

Un de ces jours j'allai chez un horloger de la rue de la Harpe ; je marchandai, je fis mes offres. Oh! me dit-il, de même que vous payez moins le vin de Montmartre que le bon vin de Suresnes, vous payerez moins l'horlogerie de Paris que l'horlogerie de Blois (1). — Maître, que vos montres d'horloge en or, en argent, en cuivre, en cristal, soient ou de Paris ou de Blois, on ne peut que les admirer. Elles ne sont guère plus grosses que le poing, et elles marquent les heures, même les minutes, avec l'exactitude du cours du soleil ; je me suis plu à voir qu'à plusieurs l'ouvrier a eu le courage de mettre une montre solaire au revers de sa montre à rouages, afin que l'une fût la preuve de la bonté de l'autre. — Monsieur, ces toutes petites montres d'horloge, qu'à force de dépense et d'art on pourrait faire bien plus petites, sont filles de ces horloges sonnantes suspendues à nos cheminées, qui ne sont guère plus grosses que la tête, et petites-filles de ces grosses horloges qui remplissent les sommets de nos clochers et de nos donjons. Toutefois, la gloire de l'art appartient encore toujours aux grosses horloges ; maintenant elles sonnent, comme celle du célèbre Balan, qui a laissé à Château-Thierry un admirable monument de son art, les demi-heures, les quarts d'heure. Elles les sonnent même en musique. Elles vous effrayent, comme celle de Nicolas Copernic à Strasbourg, comme celles de Lippe à Bâle, à Lyon, par les personnages de bronze que vous voyez quitter leur place pour aller frapper les heures, et venir la reprendre après les avoir frappées. Elles vous

(1) Les premières montres nous sont venues d'Allemagne ; elles avaient la forme d'un œuf et on les appela d'abord *œufs de Nuremberg*, parce que dès la fin du quinzième siècle cette ville en fabriquait un grand nombre. Les artistes français de la Renaissance leur donnèrent les formes les plus diverses, telles que celles du gland, de la croix, de la coquille de noix. Les cadrans furent décorés de miniatures sur émail et quelquefois de petites figures qui se mouvaient comme les aiguilles. — L.

réjouissent, au contraire, comme celle du château d'Anet, où un grand cerf en bronze, que poursuit au son des cors une meute de chiens aboyants, frappe, en fuyant, les heures avec le pied.

LA POTERIE DE TERRE.

Me voilà de nouveau en Picardie pour quelques moments ; je veux dire qu'en voulant parler de la poterie mes souvenirs me reportent à mon voyage dans cette province. Je passai à Dourdan, ville toute remplie de potiers de terre, dont les armoiries sont trois pots, de même qu'à Bourges, ville toute remplie de drapiers, elles sont un mouton à longue laine. Je passai ensuite à Beauvais, où ne pouvant m'arrêter que très-peu de temps, j'aimai mieux ce jour-là voir les pots et les écuelles de cette ville que ses hauts et magnifiques édifices. Cependant, je savais que l'art du potier de terre, si ancien, si naturel à l'homme, qu'on l'a retrouvé chez les sauvages de l'Amérique, n'a pas fait et n'a pu faire de grands progrès ; comme d'ailleurs j'avais vu dans la Normandie les belles gresseries sans couverte, je ne manifestai pas à Beauvais une grande admiration pour la poterie, pour les flacons vernissés en bleu. Oh ! me dit un des chefs d'atelier, ne méprisez pas notre vaisselle de terre : elle n'est pas encore si commune, que dans beaucoup de ménages on n'en ressoude les cassures avec du blanc d'œuf, de la chaux, et que bien de petits bourgeois ne s'en passent, et ne mangent sur des assiettes de fer ou de bois.

LA FAIENCERIE.

Monsieur ! me dit un autre chef, c'est que peut-être vous aviez visité les faïenceries de Paris, peut-être même celles de Nevers ; c'est que peut-être vous avez même visité celles de Xaintes. Oui, lui répondis-je, cela est vrai. Aussitôt l'atelier se remplit d'ouvriers des autres ateliers, qui s'appelaient de proche en proche : tous voulaient voir un homme qui avait vu les faïenceries de Xaintes ; tous voulaient savoir comment était le fameux Bernard Palissy (1), ce premier

(1) Bernard Palissy, né près d'Agen vers 1510, mort en 1589. La nature fut son seul maître ; il s'instruisit seul, et comme il le dit lui-même : « Je n'eus pas d'autre livre que le ciel et la terre, lequel est connu de tous, et est donné à tous de lire ce beau livre. » En fondant la science sur l'observation, il lui fit faire de grands progrès, et son *Art de la terre* marque le point de départ de plusieurs découvertes modernes. Dans ses *Traités de la marne, des eaux et des fontaines*, il donne la théorie de la stratification des roches et des puits artésiens. En proie à toutes les souffrances de la misère, il ne cessa jamais d'étudier, d'écrire et de se livrer aux travaux de la céramique. Il a laissé, comme artiste, des faïences magnifiques qu'il désignait sous le nom de *rustiques figulines* (et non figurines, comme on l'a plusieurs fois imprimé,) des statues en ronde-bosse, d'une admirable exécution, des vases, des aiguières, des plats qui s'élèvent aujourd'hui dans les ventes à des prix extraordinaires. Palissy, presque inconnu de ses contemporains, occupe aujourd'hui l'un des premiers rangs dans l'histoire des sciences et des arts, comme ingénieur, naturaliste, agronome, chimiste, physicien, dessinateur et modeleur. Ses œuvres complètes ont été publiées en 1777, et son éloge a été écrit par Cuvier. —L.

fabricant de faïence française, comment il procédait, comment il opérait. Je les satisfis d'abord sur sa personne, sa fortune, sur son titre d'inventeur des rustiques figulines du roi et du connétable de Montmorency, que le roi et le connétable lui avaient permis de prendre. Je leur dis ensuite qu'ainsi que tous les habiles potiers il choisissait de bonne argile, qu'il la battait avec une verge de fer, qu'il la pétrissait, la corroyait jusque dans les plus petites parties, qu'il l'épurait, qu'il la tournait avec dextérité sur la roue, qu'il la façonnait avec goût tantôt en assiettes, en plats, en vases remplis de fruits, de serpents, d'animaux en bossage.

L'ÉMAILLERIE.

Mais, ajoutai-je, une des grandes difficultés est la couverture ou l'émail, que Bernard compose ainsi que les émailleurs sur cuivre, c'est-à-dire qu'il prend du sable, des cendres gravelées, du salicor, de la pierre du Périgord, de l'antimoine, de la litharge, du soufre, du cuivre, du plomb, de l'étain, du fer, de l'acier ; une autre grande difficulté, surtout pour les pièces plates unies, est la peinture à ramages verts, bleus, ou bien à personnages comme la faïence peinte par Raphaël ; une autre plus grande et la plus grande est, quand l'arrangement des pièces dans les fours est terminé, la conduite du feu ; mais aussi quel plaisir pour les faïenciers, lorsqu'ils défournent leurs pièces, de tenir de la faïence !

GROUPE RENAISSANCE.

Mercure, plaque en émail du château de Marly (Cluny nº 1008). — Casque (1445). — Corne à boire (2276). — Grès de 1580 (2188). — Siége en bois sculpté forme d'X (2823). — Lit à baldaquin François Ier (541). — Détail d'armoire (soubassement (576). — Coffre de mariage (680). — Hallebarde (2236). — Vase (Cluny nº 2237).

LA PORCELAINERIE.

Ils voulurent savoir ensuite si maintenant l'on ne pourrait avoir, aussi bien que de la faïence, de la porcelaine française. Non, leur dis-je, car, soit que la porcelaine consiste en terre ou en sable, soit plutôt, ainsi que je le crois, qu'elle consiste en nacre de coquilles pilées, la nature a refusé à la France et à l'Europe ces matières.

Les questions recommencèrent ; aucune, je pense, ne demeura ou sans bonne ou sans mauvaise réponse.

LA VERRERIE.

J'aime bien l'anecdote de ce cavalier comme moi Espagnol, comme moi se trouvant à Paris, cherchant comme moi à s'instruire, qui, à son retour de Saint-Germain-en-Laye, qu'il était allé visiter, ne laissa pas débrider son cheval, et remonta dessus dès qu'il apprit qu'il y avait une manufacture de glaces, et ne revint qu'après avoir examiné une à une les savantes opérations d'un art, alors tout nouvellement français. Cette anecdote peut avoir tout au plus cinquante ans.

Aujourd'hui ces opérations sont de plus en plus connues ; la description en est dans plusieurs livres ; voici les principales :

L'ouvrier souffle d'abord au bout de son tube de fer, qu'il a plongé dans le verre en pâte, un grand globe de verre, qu'il fend avec des cisailles ; ensuite il aplatit ce verre ; ensuite il le carre, il le fait chauffer, il l'étend sous une masse de fer, et l'aplatit encore ; il le laisse refroidir ; ensuite au moyen de l'émeril et du sable il le polit sur les deux faces, il le couche ; il applique dessus une légère plaque d'étain, sur laquelle il répand de l'argent vif, qu'il distribue également sur toute la surface ; il met par-dessus une feuille de papier, par-dessus la feuille de papier une pièce d'étoffe de même dimension ; il comprime fortement le mercure sous un grand poids : la glace est terminée (1).

Avec l'art de faire le verre des glaces s'est perfectionné l'art de faire le verre blanc, qui, au moyen du sel de barille, substitué au sel des plantes, et notamment à celui des fougères, n'est plus si jaunâtre que dans le Nivernais, le Lyonnais, si verdâtre que dans l'Armagnac. Grâce à nos deux ou trois mille gentilshommes verriers (2), la plupart élèves des verriers italiens,

(1) On a dit souvent que les anciens ne connaissaient que les miroirs de métal, mais il est hors de doute qu'ils connaissaient aussi les miroirs de verre, ce qui est attesté par Pline en termes formels. Jusqu'au treizième siècle, on ne se servit en France que de miroirs de métal. A cette époque on commenca à se servir de miroirs de verre, qu'on doublait avec une plaque de plomb ou d'étain; enfin le miroir de verre étamé à l'aide d'un alliage de mercure et d'étain se montra au quinzième siècle. Jusqu'à la Renaissance les miroirs restèrent fort petits. Les uns enfermés dans des boîtes se portaient dans les poches ; les autres avaient des manches et on les tenait à la main. Les grands miroirs d'appartement, nommés glaces, ne paraissent qu'au seizième siècle, et c'est de ceux-là que parle ici Monteil. — L.

(2) On sait qu'au moyen âge le commerce et la pratique d'un métier entraînaient la dérogeance, c'est-à-dire l'exclusion des rangs de la noblesse. Ce fut là une des causes qui contribuè-

les Français ne boivent plus dans des tasses de poterie, mais dans des tasses de verre teint en toutes sortes de couleurs, en bleu, en jaune, en vert, en rouge, façonné en toutes sortes de formes, en nef, en cloche, en cheval, en oiseau, en église.

LA VERROTERIE.

Je remarquerai comme progrès de l'art en France que les Italiens, il n'y a pas un siècle, riaient des Français, qui ne distinguaient pas des vraies pierreries les pierreries en verre qu'ils leur vendaient. Aujourd'hui les Français en font d'aussi belles que celles des Italiens, et les Italiens ne rient plus.

LA HUCHERIE.

On n'a pas idée du bruit des encans de France, des encans de Paris, des encans de l'après-midi. Il s'en faisait un la semaine dernière, dans une maison du beau quartier du Louvre, au moment où je passais. Je crus qu'on se querellait ou qu'on se battait, qu'il fallait aller porter du secours; plusieurs personnes entraient, je les suivis : je me trouvai au milieu de la

rent à paralyser l'essor de l'industrie. Les rois pour remédier à ce grave inconvénient, déclarèrent que certaines professions industrielles ne dérogeaient pas. Ils allèrent même plus loin, ils attachèrent la noblesse à quelques-unes de ces professions. Celle de directeur d'une verrerie fut du nombre, et c'est de là que sont venus les *gentilshommes verriers*. — L.

vente des meubles d'un haut magistrat décédé depuis peu. On enlevait les tonneaux et les autres futailles qu'on venait de vendre, on vendait la hucherie ou meubles en menuiserie ; on criait : Le garde-manger ! à tant ! Le buffet ! à tant ! Un maître d'hôtel fut le dernier enchérisseur d'une jolie armoire à confitures, il le fut encore d'un superbe dressoir taillé à feuillage. Cependant on rangeait autour de nous des bahuts, des coffres couverts de cuirs de diverses couleurs, rehaussés de placages de divers métaux, des bancs à dossier, des bancs à coucher ou des bancs-lits, des chaises dépouillées de leurs housses afin de laisser voir leur garniture en maroquin, en drap, en velours, en tapisserie, en broderie ; des chaises pliantes, des chaises à roulettes, à ressorts, pour les malades ou les infirmes; des fauteuils dorés, argentés; des tabourets, des placets, des sellettes de plusieurs façons. Tous ces meubles étaient vendus et enlevés en quelques instants.

LA TABLETTERIE.

Tant qu'on vendit des pupitres à quatre, cinq étages, des tablettes de livres, des tables à écrire, les enchères ne furent guère échauffées ; mais bientôt elles s'échauffèrent quand on cria des tables à pieds tournés, à tiroirs odorants, à dessus en cuir noir, chargé de ramages de fleurs, d'inscriptions en or.

L'ÉBÉNISTERIE.

Elles ne s'échauffèrent pas moins quand on en fu

aux armoires, aux secrétaires en placage, en bois d'ébène, en bois de rose, en bois étrangers contrefaits par la coction des bois indigènes dans de l'huile combinée avec du vitriol et du soufre, en bois indigènes teints dans des bains de couleurs combinées avec de l'alun. J'étais de plus en plus assourdi ; je me retirai.

LA BUISSERIE.

Dans ces encans j'ai cependant appris beaucoup de choses ; toutefois j'en ai appris beaucoup plus en fréquentant les marchands de Paris, en achetant, surtout en payant bien.

On vend en France toute sortes d'ouvrages de buis; mais on ne les y fabrique pas tous. Il s'en fabrique une partie dans les pays étrangers, et souvent avec du buis de France.

L'IVOIRERIE.

On ne fabrique pas non plus en France tous les ouvrages d'ivoire qu'on y vend, bien que les tourneurs y travaillent l'ivoire avec tant de délicatesse qu'ils renferment tout un jeu de quilles dans une petite boule pas plus grosse qu'un grain de raisin.

LA BIMBELOTERIE.

J'ai appris aussi que ces bilboquets, ces sauteraux,

ces poupées, ces bergamotes, ces oiselets en carton, ces jolis joujoux qui paraissaient tous de main française, n'étaient pas tous faits en France.

LA QUINCAILLERIE.

Bien que dans ce pays on jette mieux en sable le métal, qu'on ramollisse, qu'on redresse, qu'on teigne la corne, l'écaille, mieux que partout ailleurs, tous les petits ouvrages en fonte, en corne, en écaille, qui y sont vendus, n'y sont pas faits.

LA TAPISSERIE.

En ce moment il me revient tout à la fois je ne sais combien de choses sur la beauté du château de Fontainebleau (1), mais je ne veux parler que de son ameublement.

(1) La première construction du château de Fontainebleau date du roi Robert, c'est-à-dire des premières années du onzième siècle. Les rois de France l'habitèrent fréquemment jusqu'au quinzième siècle, et dans les derniers temps de la monarchie, ils venaient y passer l'automne. François Ier le fit en grande partie rebâtir pour plaire à sa maîtresse, la duchesse d'Étampes, à laquelle il confia la surveillance des travaux, en plaçant sous ses ordres les architectes, les peintres et les sculpteurs les plus célèbres de l'Italie. Des agrandissements et des embellissements successifs y furent faits par Henri II, Charles IX, Henri IV, Louis XIII, Napoléon Ier et Louis-Philippe. — L.

La première fois que je visitai ce château, je faisais en sortant éclater mon admiration pour toutes les richesses et les magnificences qu'il renferme ; quelqu'un qui était présent me dit que, puisque je ne parlais pas des tapisseries, je ne les avais pas vues. Je les ai vues, lui dis-je. Il me répondit que je ne les avais pas assez vues. Véritablement il me rappela successivement et avec beaucoup d'ordre que j'avais d'abord marché sur des tapis mélangés de chanvre, de lin, de coton et de laine ; que j'avais ensuite marché sur des tapis de velours façon de Turquie, façon de Perse. Il me rappela aussi que les vrais tapis de Turquie, les vrais tapis de Perse, couvraient les tables. Il me rappela que les belles salles étaient successivement tendues des tapisseries des différentes saisons ; que plusieurs appartements étaient tendus de verdures d'Auvergne, de Felletin ; que d'autres l'étaient de tapisseries blanches, vertes, à devises et à chiffres ; que d'autres l'étaient de tapisseries de Lorraine ; que les plus riches l'étaient de tapisseries faites à Paris, dans les ateliers de Dubourg, sur les dessins de Larembert.

Il ne me rappela pas, il m'apprit que dans les premiers temps de l'art les tapisseries étaient infiniment plus précieuses qu'aujourd'hui, et qu'à la cour, de même qu'il y avait les gardes du trésor, il y avait les gardes des tapisseries.

LA CHAPELLERIE.

Me voilà, je crois, maintenant aux chapeaux ; j'en sais beaucoup, mais monsieur André en sait beaucoup plus, et je ne puis mieux en parler qu'en répétant ce qu'il m'a dit.

Monsieur André est un des plus aimables voisins qu'on puisse voir. Un jour mon perroquet, qui avait bien déjeuné, s'envola chez lui. Je vis que mon perroquet lui plaisait; je le lui laissai et le lui donnai. Peu de temps après il vint me voir. Il étudie les arts autant que je les étudie. Nous nous entretînmes; nous en discourûmes fort longtemps, et je finis par lui montrer cette partie de mon journal qui leur est relative. Vous voyez, lui dis-je, qu'en ce moment je m'occupe des vêtements. Messire, me dit-il, d'un air franc et ouvert, je puis vous fournir quelques documents. Imaginez si j'écoutai.

Lorsqu'au sortir de la messe ou des vêpres on se trouve aux galeries de l'église, on peut facilement savoir quelle est la mode actuelle des couleurs et des coiffures. Vous voyez des chapeaux blancs, noirs, gris, verts, des chapeaux couverts de taffetas, des chapeaux couverts de velours, des chapeaux pointus en pain de sucre sur la tête des gens de guerre, des chapeaux à aile retroussée, à panaches, sur la tête des gens du monde.

Les chapeliers feutrent fort bien la laine, le lapin, le lièvre, le castor, et leur donnent un beau noir. Le prix ordinaire de leurs chapeaux ne passe guère trente sous. Leurs fabriques suffisent aujourd'hui à la France.

Les plumassiers français teignent aussi fort bien les plumes; ils emploient le sureau, le safran et le vinaigre.

LA FRISURE.

Monsieur André continua ainsi : L'art de la frisure compte à peine quelques années (1), et nous en avons atteint la perfection. Le perruquier français est, depuis Henri III, le premier en Europe. Regardez ce jeune élégant qui sort de ses mains : il balance sur son front l'édifice de sa chevelure poudrée de poudres odorantes, ses moustaches sont cirées en croc ; une petite barbe cirée aussi en pointe termine gracieusement le bas de son visage ; il va dans la société des dames : il est sûr de son fait.

LA TOILERIE.

Belles et belles toiles de Normandie ; belles et belles toiles de Bretagne ; belles et belles toiles de Châtellerault. La toilerie de France n'a pas de rivale, même dans les Pays-Bas.

On dit que la Picardie, contre les lois et contre les intérêts du commerce, vend à l'étranger ses lins au lieu de les ouvrer : c'est une honte.

Les Hollandais sont venus établir en France des fabriques de grosses toiles de coffre qui passent pour

(1) La mode de la frisure ne paraît que dans les dernières années du seizième siècle, en même temps que celle de la poudre. En 1593, on vit des religieuses poudrées et frisées se promener dans Paris, et cette nouveauté obtint un grand succès. — L.

des toiles françaises, qui les déshonorent : autre honte.

LA LINGERIE.

Au jour actuel la couturière taille la toile, fait les points, compose l'empois, empèse, par principes. Il y a au jour actuel des traités de tous les arts ; celui de la lingerie (1), avec figures des diverses pièces dont est formée une chemise, mérite d'être mentionné.

LA DRAPERIE.

Dire, comme bien des personnes, que nos laines de Berri sont plus douces que celles d'Espagne, c'est dire trop ; dire qu'elles sont aussi douces, c'est assez dire. Il me paraît que le tissage est de toutes les parties de la fabrication celle où nous avons fait le plus de progrès. Voilà les parements de mon juste au-corps : ils sont tissus de manière qu'ils se trouvent blancs à l'endroit, rouges à l'envers. Les tisserands français ont été les maîtres bénévoles des tisserands anglais, et ils sont encore hors de concurrence. Rien ne surpasse la finesse de nos revêches, de nos estamets, de nos serges, l'éclat de nos frises, de nos camelots ondés.

(1) Le *Livre de la lingerie*, par Dominique de Séra. Paris, Marnef, 1583.

LA SOIERIE.

Quant à nos soieries, où sont, je vous le demande, les plus habiles veloutiers, les plus habiles passementiers du monde? Pour moi, je crois qu'aujourd'hui ils sont à Tours, à Lyon. Monsieur André, après m'avoir très-bien décrit l'art d'élever les vers à soie, l'art de séparer des cocons la soie, de la mouliner, de la dévider aux tournettes, qui mettent en mouvement cinquante dévidoirs à la fois, a ajouté : Messire, venez maintenant dans nos fabriques : l'ouvrier vous étalera des crêpes de soie d'or et d'argent, fins, déliés, légers, admirables ; des satins rayés d'or ; des velours à bouquets, à ramages d'or ou d'argent, faits avec une richesse, un goût tels, qu'on n'a pas le courage de marchander. Toutefois croiriez-vous que nos Français, bien qu'ils veuillent tous, jusqu'aux villageois, être vêtus d'étoffes de soie ou de bourre de soie, ne les prisent si elles ne viennent de Venise, de Florence, de Lucques ou de Gênes? En sorte que, tandis qu'à Londres les marchands anglais contrefont l'accent des marchands français, les marchands français contrefont à Paris l'accent des marchands italiens. Une si déplorable manie décourage les manufactures que Louis XI éleva à Tours, celles que sous le règne de François Ier a élevées aussi dans la même ville e seigneur de Semblançai, et celles qu'à Lyon vient d'élever l'industrieux Turquet; mais il y a remède, sinon à tout, du moins à cela, et en ce moment le roi, pour retenir en France les deux ou trois millions que chaque année les Italiens viennent nous enlever, a d'abord fait planter la France de mûriers jusque sous ses fenêtres, et il a ensuite proscrit l'entrée des soies et des soieries italiennes (1).

Monsieur André, je vous prie de me donner le prix des soieries. — Le voici :

L'aune de velours à trois poils, 11 livres ; l'aune de taffetas à six fils, 2 livres 15 sous ; l'aune de Damas, 6 livres ; l'aune de satin, 6 livres

LA TEINTURERIE.

Tout se tient, poursuivit M. André ; mais, si quelque chose surtout se tient, c'est la draperie et la teinturerie. Dès que la draperie a eu repris ses travaux elle a demandé à la teinturerie de nouveaux essais,

(1) Édict de janvier 1599 sur la prohibition des estoffes étrangères d'or, d'argent, etc. — Ordonnance du 21 novembre 1577 sur la police générale, art. Des draps de soye.

L'industrie de la soie fut très-favorisée par les rois de France au seizième siècle. Ils voulaient par là procurer des travaux utiles aux pauvres, dont le nombre était considérable, et qui vivaient d'aumônes et de rapines comme *du revenu d'une prébende;* — c'est le mot d'un contemporain — et retenir l'argent dans le royaume. Le conseil du commerce établi par Henri IV envoya des plants de mûriers, avec des experts instructeurs, sur tous les points du royaume, et le jardin des Tuileries en eut une pépinière importante. Mais comme toujours dans l'ancien régime, les préjugés économiques et nobiliaires venaient détruire en partie le bien qui s'était fait, et de nombreuses ordonnances somptuaires, en limitant la consommation, portèrent un coup fatal aux fabriques indigènes.—L.

de nouveaux efforts; nos teinturiers sont devenus également habiles dans la variété des ingrédients, dans la variété des combinaisons, dans la variété des procédés. Avec la limaille ils font le noir; avec la garance et la gaude, le beau noir; avec la graine d'écarlate ou avec la cochenille, le rouge; avec une première teinte de gaude, une seconde de cochenille, le violet. Ils ont teint une étoffe en rouge : ils la lessivent, ils la rendent d'un beau violet; ils l'ont teinte en noir, ils ne veulent pas changer la couleur, ils veulent au contraire la fixer : ils baignent l'étoffe dans une eau de vitriol, et dans un baquet d'urine humaine s'ils veulent lui donner un grand éclat. Eh! qu'ai-je besoin d'en dire davantage? Les teinturiers de Lyon, de Tours, sont connus dans l'Europe; les teinturiers de Paris, parmi lesquels se distinguent les Gobelins (1), le sont jusque dans la Chine. Vous aurez d'ailleurs à remarquer ici que l'indigo a été depuis longtemps et qu'il est aujourd'hui plus sévèrement que jamais interdit : le roi et le parlement disent qu'il appauvrit, qu'il brûle l'étoffe; mais je crois que ce sont les cultivateurs des grands champs de pastel qui le leur ont dit.

(1) Les deux frères Gilles et Jean Gobelins, habiles teinturiers de Reims, vinrent s'établir à Paris sous le règne de François Ier; ils y fondèrent sur les bords de la Bièvre un établissement important, où ils teignaient en écarlate de Venise et en cochenille. En 1667, Louis XIV fit bâtir, à la même place, la manufacture de tapis qui existe encore aujourd'hui, et à laquelle il donna leur nom.—L.

LA FAÇON DES HABITS DES HOMMES.

Maintenant le tailleur français s'empare de ces belles étoffes si bien tissées, si bien teintes ; il a dans ses mains les ciseaux dont il se sert si légèrement. Avec quelle élégance il oppose la draperie large et bouffante des manches à la draperie du corps, tendue, serrée, écourtée au-dessus des hanches ! Même principe ; même goût pour la forme des chausses à la gigotte (1) : le haut, enflé par de légères lames de fer, est large, bouffant jusqu'aux genoux ; le bas est collant et à pli de jambe.

Si vous voulez savoir aussi, ajouta monsieur André, le prix des façons, c'est, pour les habits des maîtres, soixante sous, et pour celui des valets, vingt sous.

Je vous dirai encore qu'il y a de jeunes seigneurs assez fous pour mettre cinquante livres de perles à la broderie d'un habit qui leur revient souvent à trente, à quarante mille francs (2).

Monsieur André était de si bonne humeur qu'il ajouta en riant : Puisque l'occasion s'en présente, vous saurez que parfois nos tailleurs ne sont pas plus

(1) Cette mode a reparu de notre temps pour les manches dites à la gigot; elle a été en très-grande faveur sous Louis-Philippe.

(2) Bassompierre nous apprend dans ses *Mémoires* qu'ayant gagné au duc d'Épernon des sommes considérables, il fit faire un habit de drap noir, orné de palmes et chargé d'une si grande quantité de perles qu'il y en avait plus de cinquante livres pesant. C'est à cet habit que Monteil fait allusion dans le passage ci-dessus. Un homme de cour ne pouvait pas avoir moins de vingt-cinq ou trente costumes, et il en changeait plusieurs fois par jour.—L.

honnêtes que les vôtres; vous saurez que, pour vos chausses, au lieu de deux aunes de drap, ils vous en font acheter trois, sous prétexte des doublures ou de la martingale, nouvelle invention des gens de cour qui permet, sans déranger les aiguillettes, les rubans de la ceinture, de satisfaire les besoins naturels ; et que, lorsque vous réclamez les retailles, ils vous font mille serments qu'ils vous ont tout rendu, excepté ce qu'ils ont jeté dans la rue : or, la rue en terme de tailleur, est une grande armoire où ils serrent les pièces et les coupons qu'ils dérobent. Les parlements ont voulu sévir contre ces tours de métier, mais ils n'ont pu en venir à bout. Je me crois sûr que les tailleurs jettent dans la rue autant de morceaux de drap de la robe des juges que de l'habit de leurs autres pratiques (1).

(1) Le seizième siècle, que Voltaire compare avec raison à une robe d'or et de soie tachée de sang, fut par excellence le siècle des modes extravagantes. Sous le règne de Henri III, le luxe, la mignardise, on pourrait même dire la dépravation des habits, furent poussés à leurs dernières limites. Les honteux penchants de Henri III contribuèrent notablement à avilir les modes. Ce prince s'habillait souvent en femme; il avait les cheveux teints et frisés, les oreilles chargées de pendants, le cou orné de colliers, la lèvre inférieure garnie de deux petites moustaches. Les mignons s'habillaient comme leur maître; de leur côté les femmes de la cour s'habillaient en hommes, comme on le voit par le récit d'un dîner donné au Plessis-les-Tours. Quelquefois même elles ne s'habillaient qu'à demi, comme on le voit encore dans un dîner donné par Catherine de Médicis à Chenonceaux, « où les plus belles et les plus honnestes dames allant à moitié nues, dit Pierre de l'Estoile, et ayant leurs cheveux épars comme épousées, furent employées à faire le service. » Ces habitudes de luxe effronté et de mollesse n'avaient pas adouci la barbarie des mœurs; les hommes qui s'habillaient de soie et se couvraient de bijoux ne quittaient jamais la dague

LA FAÇON DES HABITS DES FEMMES.

Pour l'habillement des femmes, ce sont aussi des toiles, des étoffes, mais plus douces, plus légères, plus fines, d'une couleur plus délicate, d'un dessin plus gracieux.

Considéré dans son ensemble, ce bel habillement a la forme d'un horloge de sable ou de deux cloches opposées à leur sommet. Le corps de jupe très-serré à la ceinture va en s'élargissant jusqu'au bas ; le corps de robe, très-serré aussi à la ceinture, tendu sur le corset de baleine, va de même en s'élargissant jusqu'aux épaules, où par le développement de la fraise il prend encore une plus grande ampleur. On ne cesse de crier contre les parures actuelles ; je ne sais en vérité pourquoi, car depuis l'invention des cerceaux de baleine, des buscs et des vertugadins (1) les femmes n'ont jamais été mieux gardées, n'ont jamais été habillées d'une manière aussi respectable : il le faut, car elles n'ont jamais été aussi jolies.

et l'épée, et se préparaient, par le duel, aux massacres des guerres civiles : car il est à remarquer que les modes les plus bizarres et les plus inconvenantes se montrent inévitablement aux plus mauvais jours de notre histoire, et que la dépravation des mœurs marche de pair avec la cruauté. — L.

(1) La mode des vertugadins ou vertugades a reparu de nos jours avec les crinolines. Seulement au seizième siècle, l'ampleur circulaire des jupes et des robes dépassait encore de beaucoup les formes les plus exagérées de notre époque. Les paniers du dix-huitième siècle sont comme le trait d'union entre la crinoline et le vertugadin. — L.

C'est peut-être encore à observer qu'on est infiniment moins rigoureux sur l'habillement légal des femmes ; qu'au jour présent, quand elles sont trop bien habillées, trop bien coiffées, on ne les fait plus conduire en prison par quarantaines, cinquantaines, soixantaines à la fois.

LES CEINTURES.

A mon grand plaisir et à mon grand profit, monsieur André ne s'arrêtait pas : Nous en sommes, me dit-il, aux ceintures.

Il en coûterait beaucoup pour avoir des ceintures d'argent : il en coûte beaucoup moins pour avoir des ceintures en étain qui ressemblent à des ceintures d'argent ; et pour qu'elles y ressemblent davantage, on les a faites à grillages appliqués sur satin, sur velours.

LE CUIR.

Finissons par la chaussure.

L'art du tanneur, qui fournit les matières à celui du cordonnier, n'a cessé changer de et d'améliorer les instruments, les procédés.

L'écharnage des peaux se fait maintenant sur le chevalet avec la pierre ponce.

Dans la mégisserie et la maroquinerie, cet art ne s'est pas moins perfectionné. Actuellement le dégraissage se fait par le moyen de la presse ; et l'alun, méthodiquement employé, est devenu un excellent ingrédient pour fixer sur toute sorte de peaux toute sorte de couleurs.

Voulez-vous ajouter à mes observations que nos fermiers font souvent chez eux tanner, mégisser, maroquiner les peaux de leurs bœufs, de leurs vaches, de leurs moutons ?

LES SOULIERS.

Et même que nos bourgeois économes font venir dans leur maison les cordonniers et y font faire leurs souliers ?

Je crois incontestable que depuis plusieurs siècles l'art du cordonnier est, en France, arrêté, sinon dans son élan, du moins dans ses développements.

Nous manquons de peaux crues, bien qu'on en importe de la Barbarie, du cap Vert, et même du Pérou.

Nous manquons encore plus de tanneurs, par conséquent de cuirs.

Nous manquons encore plus de cordonniers, par conséquent de souliers ; aussi les Flamands nous en apportent de grandes batelées, tous plus ou moins vieux, dont le pauvre peuple s'accommode fort bien.

Nos souliers cependant ne sont pas très-chers. On vend ceux de veau, de maroquin, à raison de seize deniers le point, 13 sous 4 deniers ; ceux de vache, à raison de 2 sous le point, 1 livre ; la paire de grandes bottes, 7 livres ; la paire de bottines, 3 livres.

Pour mettre des bas de chausses de soie, il a fallu des souliers de soie. On connaît dans tout le monde nos souliers de velours rouge déchiquetés en barbe d'écrevisse, lacés et serrés comme les jarretières par des nœuds de ruban. On connaît aussi nos souliers à semelles de liége, nos patins, nos souliers à cric, ainsi appelés du bruit qu'ils font. On ne connaît pas moins les souliers de nos femmes, leurs élégantes mules à talons déliés, leurs hauts patins à talons encore plus déliés. Monsieur André s'est levé : Messire ! n'oubliez pas que le Grand-Turc a fait demander solennellement au roi de France douze cordonniers de Paris. Et il m'a salué et s'en est allé en riant.

LES COMBUSTIBLES.

Dès que l'antique hache fut sortie de dessous le marteau des premiers métallurgistes ou des premiers forgerons, elle ne reposa plus. L'histoire a conservé le souvenir de vastes régions déboisées, enlevées à l'agriculture et à la végétation (1).

La France, plus vivace et mieux administrée, n'a pas encore manqué de bois ; mais le renchérissement successif qu'il éprouve en fait prévoir la prochaine rareté.

Heureusement elle possède dans ses provinces du Nord, dirai-je, comme certains naturalistes, des terres où le sel blanc s'est évaporé, où seulement reste le sel noir, qui a communiqué sa nature pesante, grasse et oléagineuse, aux végétaux tombés en dissolution ; ou bien, comme d'autres, dirai-je des terres mélan-

(1) L'Attique déboisée par l'exploitation des mines.

gées de végétaux qui se sont combinés avec le soufre et le salpêtre ; ou bien, comme d'autres, des terres où le soleil, échauffant l'eau des marais, la réduit en limon onctueux et bitumineux (1) ? Je ne sais ; mais toujours est-il sûr que dans la Picardie et l'Artois il y a de grandes tourbières, et que l'emploi de la tourbe, reconnue de nos jours propre à remplacer les autres combustibles, mieux que les lois les plus sévères protégera les forêts qui restent à la France.

Les Français achètent de l'Angleterre et de l'Écosse le charbon de terre, dont ils ont des mines très-abondantes dans l'Orléanais, la Bourgogne, le Forez, le Rouërgue, dont l'extraction, bien mieux que celle de la tourbe, protégerait les forêts. Si je dis que c'est par habitude, je ne dis pas toute la vérité ; mais je la dis toute si je dis que c'est par habitude et par impéritie.

J'ajoute que la nouvelle invention des fours à voûte surbaissée, qui diminue la consommation des combustibles, protégera aussi les forêts.

L'ÉCLAIRAGE.

Dans le Nord, les Français brûlent à la lampe de

(1) Monteil résume ici les opinions du seizième siècle relatives à la tourbe, mais nous n'avons pas besoin de dire que ces opinions sont complétement erronées. La tourbe est tout simplement un détritus végétal. On distingue la tourbe du diluvium, qui ne se reforme pas, et la tourbe moderne, qui se reconstitue après un nombre d'années plus ou moins grand, dans les terrains déjà exploités; c'est la moins bonne.—L.

l'huile de navette ; dans le Midi, ils brûlent de l'huile de noix.

Je vanterai volontiers leur chandelle. Autrefois on ne la faisait qu'avec du suif pur ; aujourd'hui on la fait avec trois couches de cire, grossies d'une couche de suif. On la fait aussi avec du marc d'huile de noix. Autrefois, une partie de la mèche était de chanvre ; aujourd'hui elle est toute de coton.

La chandelle de cire a été encore plus perfectionnée. A peine le mois de mars est commencé, que le fermier visite ses ruches. Il en cueille la cire, et, après l'avoir séparée du miel, il la met dans une chaudière avec un peu d'eau ; il la fait bouillir lentement, pour que l'eau s'évapore ; ensuite il la passe à travers un linge, et il la verse dans de grandes écuelles de bois, où elle se refroidit en forme de beaux pains jaunes.

C'est dans cet état qu'elle est vendue au cirier, qui, après l'avoir plusieurs fois encore clarifiée, la blanchit de cette manière :

Lorsque la cire est fondue dans la chaudière, le cirier y plonge des palettes de bois plongées auparavant dans l'eau, afin que la cire n'y adhère pas et qu'elle s'en détache par feuilles minces. Ces feuilles minces sont ensuite exposées au grand air, à la rosée, sur des toiles, où elles achèvent de se purifier et de blanchir.

On fabrique des chandelles de cire blanches, bleues, rouges, vertes, jaunes, jaspées, des chandelles de toutes les couleurs, de toutes les nuances.

Piolé, riolé, comme la chandelle des rois, dit le proverbe. Cette chandelle, diaprée des couleurs les plus gaies, rappelle la première des joyeuses soirées de l'année. Dans la boutique du cirier, elle est pendue près de la chandelle des agonisants, de même que, dans l'almanach, le jour du mardi gras se trouve près du jour des cendres.

On vend la livre de chandelle de suif 3 sous, et la livre de chandelle de cire 18 sous.

LA CUISINE.

Je veux qu'un homme que je rencontrai descendant la côte de Clayes me raconte ici encore son histoire.

Il menait son cheval par la bride, je menais le mien de même ; nous fûmes obligés de nous ranger l'un à côté de l'autre pour laisser passer une file de charrettes. Quand elles furent passées, nous ne nous séparâmes pas, nous continuâmes à marcher ensemble, et bientôt nous remontâmes ensemble à cheval ; mais au lieu de parler de la pluie et du beau temps, nous parlâmes de la guerre en général, et ensuite de la guerre civile qu'avait excitée la réforme de Calvin. On ne saurait jamais croire, me dit cet homme, combien le diable s'agitait pour attirer les catholiques hors de l'Église ; il les prenait par toute sorte de moyens, par tous les sens. J'ai eu quelquefois la gloire de lui tenir tête. Si vous pensez que je me vante, vous allez voir ce qui en est.

Je suis enfant de Paris, né dans la petite bourgeoisie. On me fit étudier par force, et mon dégoût augmenta avec l'âge. Quand j'eus terminé ma rhétorique, la philosophie m'ennuya tellement que je résolus de quitter le collége à la première occasion et de me faire cuisinier. J'avoue toutefois que, pendant quelque temps, la vanité m'arrêta ; mais je me dis qu'un bon cuisinier valait bien un mauvais médecin, un mauvais avocat, un pauvre prêtre. Enfin, un beau matin, je déjeunai de mon Aristote, et le lendemain je me mis en apprentissage. C'est dans mon nouveau métier que mes progrès furent rapides !

Je me fis d'abord un système bien ordonné ; et, de même que les philosophes classent les divers termes du discours en catégories, je classai de même les divers ustensiles de cuisine :

En ustensiles de fer, tel que les éventoirs à tube, les éolipyles ou machines à vapeur pour enflammer le feu ; tels que les horloges ou machines à rouages pour tourner la broche ou les broches ; tels que les poêles, les marmites à trois, quatre pieds, les porte-plats ;

En ustensiles de cuivre, tels que les poêlons, les chapelles ou fontaines, les poissonnières, les chaponnières, les tourtières ;

En ustensiles d'étain, tels que les aiguières, les bassins, les soupières, la vaisselle.

A l'exemple des philosophes, je me fis aussi des axiomes :

Blé d'un an, farine d'un mois, pain d'un jour.

Quarante animaux terrestres bons à manger, quatre cents aquatiques.

Tous les mois où il y a une R les huîtres sont bonnes.

En février les bonnes poules.

Bon mouton que celui qui a été mordu par le loup.

Quand il passait un étranger, je ne cessais de l'interroger ; mais ce n'était pas sur les anciens monuments, sur les mœurs ou les usages de son pays. Monsieur, votre poisson est-il bon? Et votre volaille? Vos légumes? Vos fruits? Et quand j'apprenais quelque chose, je l'écrivais aussitôt, et mes tablettes faisaient naturellement suite à mes axiomes.

Le bœuf du Limousin est bon, celui de la Champagne est meilleur.

Le mouton du Berry est bon, celui du Rouërgue est meilleur.

Le chevreau de l'Auvergne est bon, celui du Poitou est meilleur.

La volaille du Mans est bonne, celle de Caussade est meilleure.

Les oisons de Beaune, du Lyonnais, sont bons, ceux de la Gascogne sont meilleurs.

Les tripes de Paris sont bonnes, les andouilles de Troyes sont excellentes, les meilleures.

Les jambons de Lyon sont excellents, ceux de Bayonne sont meilleurs.

Les langues fumées de l'Auvergne sont bonnes, celles de Langres sont meilleures.

Les huîtres du Havre sont bonnes, celles de la Saintonge, du Médoc, sont excellentes.

Les carpes de la Saône sont bonnes.

Les éperlans de Quillebœuf sont bons.

Les sardines de La Rochelle, celles d'Antibes, sont bonnes, excellentes.

Le thon de Marseille est bon, excellent.

Le beurre de Normandie sentant la violette est bon, celui de la Bretagne orangé est exquis.

Le fromage de la Brie, du Dauphiné, du Languedoc, est bon; le fromage vert de la Provence est bon ; le fromage bleu de Roquefort est très-bon, le meilleur.

La moutarde de Saint-Maixent est excellente ; celle de Dijon est la meilleure.

Le cotignac d'Orléans est bon.

Les biscuits de Rheims sont bons.

Les dragées de Verdun sont excellentes ; les dragées au musc, les muscadins de Lyon sont excellents.

Bientôt je me persuadai que le cuisinier devait se faire aider par la nature, et que c'était aux aliments dont on nourrissait les animaux à en assaisonner le plus savoureusement la chair. J'eus des cages privées de lumière, où j'engraissai la volaille avec de la farine d'ivraie, de froment, d'orge. Il n'y avait rien de meilleur que mes chapons engraissés dans des caisses où ils ne pouvaient se tourner, se remuer ; que mes pigeons, auxquels on n'avait donné que de la mie de pain trempée dans le vin ; que mes paons, auxquels on n'avait donné que du marc de cidre ; que mes agneaux, qui n'avaient pas mangé d'herbe, qui avaient en même temps teté deux mères. Il n'y avait rien de plus délicat, de plus odorant, que la chair de mes jeunes pourceaux, nourris avec des panais, et qu'avant de les faire rôtir on avait remplis de fines herbes.

Quelle attention ne mettais-je pas d'ailleurs à interroger continuellement mon goût en même temps que celui des gens instruits, des gens riches, à corriger le mien par le leur, et le leur par le mien !

Enfin je me fis connaître. L'archidiacre d'un grand chapitre m'envoya chercher, et m'offrit beaucoup ; mais l'abbé d'un grand monastère vint lui-même me parler, et m'offrit davantage. Maître Luc, me dit-il, j'ai goûté de vos hors-d'œuvre : j'en suis enthousiaste et il me semble que chez nous vos talents auraient un plus vaste théâtre ; ce n'est pas tout, ils deviendraient plus utiles, ils seraient en quelque manière sanctifiés. Vous saurez, continua-t-il, que depuis quelque temps les calvinistes nous enlèvent des novices et même des profès. Venez nous aider à les retenir par tous les plaisirs permis, particulièrement par ceux de la bonne chère. Dans ces temps difficiles, ou ne peut mieux chasser d'un couvent de bernardins le diable que par la poêle ou la broche. L'abbé obtint la préférence. Je le suivis.

A mon arrivée, les anciens de l'abbaye m'entourèrent. Mon ami, me dirent-ils en me flattant de la main, défendez-nous contre Luther, Calvin, Zuingle, Bèze, Mélanchton, Ecolampade. Mes révérends, leur répondis-je, avec mes bisques, je me moque de Luther ; avec ma glace musquée, sucrée, avec ma neige parfumée à la rose, je me moque de Calvin ; avec...... avec.... je me moque de celui-ci... je me moque de celui-là... et de tous les autres.

Je leur tins parole.

Le bon abbé, les anciens et moi, nous nous félicitions du calme et de l'hilarité répandus sur tous les visages, lorsqu'aux approches de la fête de l'ordre les dangers redoublèrent. Nous vîmes rôder, autour de l'enclos, des marchands de Genève, qu'on soupçonnait être des libraires de cette ville vendant secrètement leurs livres, ou des ministres déguisés. Ce ne fut pas tout : des essaims de jeunes Cauchoises allant en pèlerinage venaient longuement prier à notre église ; or, ceux qui ont été au pays de ces jeunes filles, qui savent qu'il n'y a rien de plus parfait que leur taille, de plus blanc que leur peau, de plus noir que leurs beaux yeux, se doutent du ravage que leur dévotieuse présence pouvait faire dans les rangs de nos jeunes moines ; l'abbé, le prieur, le sous-prieur, en furent épouvantés. — Maître Luc, me dirent-ils, tout le noviciat devient, en classe, de plus en plus raisonneur ; à la récréation, de plus en plus indisciplinable ; et au dortoir, nous entendons la nuit de plus en plus soupirer. Notre recours est en vous. Aux armes ! maître Luc, aux armes ! — Mes révérends, leur dis-je, de nouveau je réponds de vos novices. Et je leur tins de nouveau parole. Les cloches, au jour de la fête de notre saint patron, sonnèrent en même temps la fête de l'art, et en même temps ma victoire. On n'était qu'au milieu du repas, lorsque mes gens et moi portâmes en pompe un ânon, gras, tendre, sur un grand plat fait exprès à sa mesure pendant qu'il pâturait et qu'il bondissait encore dans le pré de l'abbaye. Il était piqué de lard de sanglier, il était rôti à point, il exhalait le fumet le plus appétissant. Jamais, non, jamais je n'ai entendu applaudir ainsi un plat ; jamais, non, jamais je n'entendrai de si grandes acclamations. Mais quoi ! je n'ai pas fini. Au dessert, je servis des sucreries figurant les viandes dont on venait de manger, et non de belles Cauchoises, et non des personnages indécents, comme c'est malheureusement aujourd'hui la mode. Pensez d'ailleurs qu'il ne manquait ni pain d'épice à la cannelle, à la muscade, au girofle, ni gaufres, ni massepains, ni pâte d'abricots, ni conserves de roses, ni conserves de Provins. Pensez qu'il ne manquait non plus ni vins fins, ni vins muscats, ni vins artificiels, ni vins de groseilles, de framboises, de coings, de prunes, de fenouil, ni hippocras au vin d'Espagne ou de Malvoisie, ni clairette au vin blanc, au miel écumé, au girofle, au safran, au musc. Pensez qu'il ne manquait rien de tout ce qui peut flatter la vue, l'odorat et le goût; aussi notre jeunesse, revenant sincèrement à ses devoirs et à ses vœux, finit, avant de se lever, par entonner l'hymne de saint Bernard, et jura de lui être éternellement fidèle.

Le lendemain, les moines s'assemblèrent au son de la cloche *ad capitulum capitulantes*, et, en vertu des priviléges de leurs anciennes chartes, me nommèrent solennellement cuisinier héréditaire de l'abbaye.

Tout à coup, le cuisinier héréditaire cessa de parler : il apercevait à sa droite le chemin de l'abbaye. Il me dit, avant de me quitter, combien il était charmé de ma rencontre ; mais, emporté par son cheval, qui sentait la grange et le foin des moines, il ne put achever son compliment (1).

(1) Il est impossible de dresser avec plus d'érudition que Monteil ne l'a fait dans les pages ci-dessus la carte des repas du seizième siècle, et de peindre en même temps sous des couleurs plus fidèles le tableau d'une abbaye à la même époque. Depuis la fin du treizième siècle le relâchement n'avait cessé de faire des progrès dans le clergé régulier, et malgré de nombreuses tentatives de réformes, le mal avait toujours été en augmentant. Les canons des conciles, les statuts synodaux, les protestations des hommes les plus éminents de l'Église, les sermons des prédicateurs populaires, tels que Reuchlin, Olivier Maillard, Menot, Thomas Connecte, le traité de Clémangis *De corrupto ecclesiæ statu* sont là pour attester que le dépôt de la tradition sainte s'était singulièrement altéré entre les mains des hommes. Tout ce que dit ici Monteil du luxe culinaire des moines et de leur amour de la table est parfaitement exact. Voir Rabelais, *Pantagruel*, liv. IV, chap. XI. « Pourquoi les moines sont voluntiers en cuisine. » — « Que signifie, demanda frère Jean, et que veut dire que tousjours vous trouvez moi-

LES INSTRUMENTS DES JEUX.

Reviendrai-je encore au travail de mon valet Dominique? Et pourquoi pas?

Dominique, dans sa description des arts et métiers, divise les instruments des jeux en instruments de jeux sur terre et en instruments de jeux sur table.

Commençant par les premiers,

Il parle du jeu du palet,

Il parle du jeu de boules,

Il parle du jeu de mail, palemail ou jeu de boules poussées par des maillets emmanchés de pals, de bâtons, dans une enceinte ou de planches, ou de maçonnerie, ou de terrasses gazonnées (1);

Il parle du jeu des quilles ou jeu de boules poussant, renversant des pals, des bâtons dressés;

Il parle du jeu de paume, jeu de boules faites en laine, en crin, poussées et repoussées avec des raquettes, soit en plein air, soit dans des bâtiments clos, dont la prodigieuse multiplicité avait, il n'y a pas très-longtemps, effrayé le parlement.

Continuant par les instruments des jeux sur table,

nes en cuisines?... Est-ce, répondit Rhizotome, quelque vertu latente et propriété spécifique absconse dedans les marmites et contre-hastiers qui les moines y attire, comme l'aimant à soy le fer attire? »—L.

(1) *Maison des jeux*, Paris, Étienne, 1668, Palemail. On voit encore à Fontainebleau, au bout de l'allée de Maintenon, les restes du mail de Henri IV. Le plan de Paris, par Tavernier, offre un jeu de mail entouré de planches.

Il parle du jeu de galet, jeu du palet, poussé et repoussé avec la main sur une table entourée d'une large rainure, où celui qui laisse tomber le galet, le palet, perd ;

Il parle du jeu de billard, espèce de jeu de palemail sur une table tendue d'un tapis, où les boules, au lieu d'être poussées dans la même direction par un maillet, sont poussées l'une contre l'autre par le bout de bâtons appelés billards ;

Il parle du jeu des dés, originairement le jeu des osselets ;

Il parle du jeu des échecs (1) ;

Il parle du jeu des dames, matériellement le jeu des échecs, moins les grosses pièces. Il dit qu'on pourrait mettre ce jeu dans une division de jeux sur siége. Effectivement, il y a un grand nombre de formes, de tabourets, d'escabelles, qui ont le dessus empreint d'un damier ;

Il parle du jeu de cartes et de tarots, originairement, lui a-t-on dit, un jeu d'images, auquel a été ajouté depuis un jeu de dés dont les points, depuis un jusqu'à dix, ont été empreints sur les cartons ou cartes.

(1) Le jeu d'échecs et le jeu de dés sont très-anciens : on en attribue l'invention à Palamède, l'un des chefs de l'armée des Grecs au siége de Troie, 1183 avant Jésus-Christ. Les jeux étaient en très-grande faveur au moyen âge. Dans les salles de quelques châteaux forts, les carrelages des parquets représentaient des échiquiers en mosaïque sur lesquels les joueurs pouvaient faire leur partie comme sur un échiquier portatif. De nombreuses ordonnances royales et municipales furent promulguées au moyen âge contre les jeux de dés ; mais ces ordonnances n'en arrêtèrent jamais les abus, et leur impuissance est attestée par leur multiplicité même. — L.

Ensuite il dit que la plus grande partie des instruments des jeux se fabriquent au tour, parce que la forme du rond, du cercle, de la roue, de la boule, est celle qui se prête le plus au hasard.

Ensuite il dit que le jeu de cartes envahira ou dominera tous les autres, parce qu'il est le jeu le plus joli ; parce qu'il est le plus varié ; parce qu'il est le plus amusant ; parce qu'il est le jeu de tous les temps, de toutes les saisons, de toutes les heures ; parce qu'il est le jeu des hommes, des femmes, des vieillards, des enfants ; le jeu de tous les sexes et de tous les âges (1).

(1) Les cartes tiennent une trop grande place dans les distractions de la vie moderne pour que nous ne donnions pas ici quelques détails sur leur histoire, et nous ne pouvons mieux faire que d'emprunter le résumé de cette histoire à l'excellent *Dictionnaire* de MM. Bachelet et Dezobry :

« On attribue l'invention des cartes à jouer aux Orientaux. C'est ce qu'on nommait, au treizième siècle, le jeu du roi et de la reine. Les cartes, appelées alors tarots, avaient de l'analogie avec les échecs; il y avait un fou, une tour, des chevaliers, etc. Elles figurèrent ensuite la danse macabre : peintes et dorées, elles représentaient le pape, l'empereur, l'ermite, le fou, le pendu, l'écuyer, la lune, le soleil, la Parque, la Justice, la Tempérance, la Force, la Mort, la maison de Dieu, etc. Celles dont s'amusait Charles VI dans sa folie ressemblaient aux *naibi* des Italiens, images peintes à la main, destinées à l'amusement et à l'instruction des enfants et où étaient figurées les vertus, les mœurs, les sciences, les planètes, etc.; on en comptait cinquante, divisées en cinq séries ou couleurs. C'est au règne de Charles VII que se rapporte l'invention des cartes modernes. Il y eut quatre couleurs : le trèfle figurant la garde d'une épée; le carreau, le fer carré d'une flèche; le pique, la lance d'une pertuisane, et le cœur, la pointe d'un trait d'arbalète. Les quatre rois, David, Alexandre, César et Charles, représentèrent les quatre monarchies juive, grecque, romaine et

LES INSTRUMENTS DE MUSIQUE.

Au moins la moitié de ce chapitre est de Dominique ; mais, cette moitié, je l'ai raccourcie de beaucoup ; et, sans doute, si Dominique eût à son tour retravaillé la mienne, il l'eût de beaucoup allongée.

Dans les maisons où il y a salle à manger, salle de compagnie, salle de jeu, il y a ordinairement salle de musique. Les bancs des musiciens sont rangés ; je vois étalés sur leurs pupitres les jolis cahiers d'Attaignant (1) et de Ballart, qui aujourd'hui impriment les

française ; quatre dames, Judith, Pallas, Rachel, Argine, remplacèrent les quatre vertus des anciens tarots ; les valets, Hector, Ogier, Lancelot et Lahire, furent l'image des quatre âges de noblesse ou de religion ; une compagnie de soldats, numérotés de 2 à 10, fut rangée sous chaque couleur : l'as, symbole de l'argent pour la paye des troupes, servit d'enseigne et marcha le premier. Les autres peuples ont adopté ces cartes avec de légères modifications. Au lieu de pique, trèfle, carreau et cœur, les Allemands ont gland (agriculture), grelot (folie), cœur (amour) et trèfle (science) ; les Italiens et les Espagnols ont calice (prêtre), épée (noble), denier (marchand) et bâton (cultivateur.) Après la Révolution de 1789, on fit des cartes nouvelles : les valets furent remplacés par quatre personnages représentant l'égalité de rang, l'égalité de couleur, l'égalité de droits et l'égalité de devoirs : les dames cédèrent la place à la liberté des cultes, des professions, du mariage et de la presse ; les rois furent détrônés par les génies de la guerre, du commerce, de la paix et des arts, ou par quatre philosophes, Voltaire, Rousseau, La Fontaine et Molière. »

(1) Atteignant était un libraire de Paris dont la veuve a publié un recueil de musique religieuse intitulé : *Missarum musicalium libri III*, 1556. — Ballard, autre libraire, a publié les

signes des sons, les signes de la musique, aussi bien que les signes des pensées, les signes de la parole.

Au-dessus des cahiers sont pendus ou posés des instruments de toute espèce.

Il ne m'est guère possible, et il m'importe assez peu de savoir quel est le plus ancien. J'aperçois dans le fond l'orgue avec ses divers jeux qui reçoivent l'air des porte-vents, qui le reçoivent des soufflets. Je sais qu'aujourd'hui le porte-vent est garni d'une claquette ou tremblant, et que les jeux ont chacun leurs basses ou pédales, dont la touche se trouve sous le pied.

Tout près est le clavecin, imité de l'orgue.

Pour moi, et sans doute pour bien d'autres, ce sont les rois des instruments. L'un est à lui seul un concert d'instruments à vent; l'autre, un concert d'instruments à corde.

L'orgue fait en même temps entendre la trompette à potence, à tortil, le dessus de trompette ou clairon, la basse de trompette ou saquebute. Il fait en même temps entendre le haut-bois, le dessus de haut-bois ou petit haut-bois, les basses de haut-bois ou grands hauts-bois, de deux, trois pieds de long, la flûte à bec, le dessus de flûte ou flûtet, la basse de flûte, ou flûte allemande, ou flûte traversière, ou grande flûte à neuf trous.

Le clavecin, l'orgue à cordes, fait entendre la mélodieuse viole, le dessus de viole ou violon, la première basse de viole ou viole bâtarde, la seconde basse de viole ou contra, la basse de viole, ou simplement la basse. Il fait entendre aussi le luth, le téorbe, la guiterne, et les autres instruments à percussion.

Airs et Ballets du seizième siècle. Paris, 1600. Ces deux recueils sont aujourd'hui fort rares et fort recherchés.

Je suis fâché que, dans plusieurs concerts, on bannisse la trompette marine, cette ancienne basse retentissante composée de trois tables en triangle assemblées, emmanchée d'une longue touche, montée d'une seule corde portant sur un chevalet dont un pied, qui n'est pas fixe, imite, par le tremblement que lui fait faire la vibration de la corde sous l'archet, le son d'une trompette.

C'est un miracle, dit-on, que la justesse de nos instruments actuels. Ah ! non, ce n'est pas un miracle, quand on considère qu'outre les bonnes méthodes instrumentales, telles que le *Traité de musique pratique*, par Issandon, rien n'est plus commun aujourd'hui que les tablatures de flûte, de guitare, de luth, de sistre, d'épinette.

D'abord instruments bons, puis instruments beaux.

Autrefois, les fabricants d'instruments pouvaient bien employer l'étain, le cuivre, pour faire les instruments à vent ; mais, s'ils employaient l'argent ou l'or, ils étaient querellés par les orfévres. Ils pouvaient bien aussi employer le sapin et le bois ordinaire, le buis, même l'ébène, pour les instruments à cordes ; mais, s'ils filetaient les ouïes ou les roses avec des bois coloriés, de la nacre, de l'ivoire, ils étaient querellés par les tabletiers. Maintenant, le roi les a réunis en corps de jurande, et il leur a permis d'employer toute sorte de matières (1). On peut maintenant avoir de bons et beaux instruments.

(1) Lettres du roi, juillet 1599, pour la création en corps de jurande des maîtres faiseurs d'instruments de musique de la ville de Paris.

LES ARMES.

Les hommes ont commencé par se battre avec des ossements, des mâchoires de grands animaux, qu'on n'enterrait pas encore. Ces ossements étaient de courtes massues, auxquelles ont succédé les longues et noueuses massues de bois épineux, auxquelles, dans toutes les parties du monde, ont, en différents temps, mais chronologiquement, succédé d'autres armes, ou meilleures ou plus meurtrières : car, dans les mêmes besoins, l'esprit humain est un, et opère toujours de même.

Au Pérou, nous sommes encore à l'arc.

En Europe, en France, on a passé l'arc, l'arbalète;

On en est au canon, à la couleuvrine.

On en est venu aux petits canons portatifs, à l'arquebuse, au mousquet.

Je vais dire de quelle manière on les fabrique à Saint-Étienne, où l'on a le charbon, le fer, les chutes d'eau; où sont les plus grands ateliers de la France, et sans doute du monde.

Le fer est laminé ; le fer laminé est courbé en tube ; le fer courbé en tube est soudé, fourbi, poli, foré, ajusté. C'est un canon d'arquebuse ou de mousquet, qu'on enrichit quelquefois de gravures d'or moulu ; alors il est monté sur le bois ou fût ; il est ensuite garni de son serpentin ; il est prêt à recevoir la mèche, la poudre, le plomb, à lancer la mort.

La manière de forger les casques, les corps de cuirasse, est la même que celle de forger les arquebuses;

celle de les fourbir, de les polir, la même ; celle de les graver, de les dorer, la même.

Dans les nouvelles fabriques, on bat les lames d'épée au martinet.

Il ne tiendra pas à moi qu'on sache dans mon lointain pays combien la nation française est guerrière. Un de mes amis, valet de chambre d'un homme de robe, a voulu, avant que je sortisse de sa maison, me montrer le cabinet d'armes : il y a des épées, des hallebardes, des pistolets, des escopettes, des poitrinaux, des arquebuses, des mousquets ; il y a six petits canons, six fauconneaux, montés sur leurs affûts (1).

(1) On a beaucoup discuté sur la question de savoir à qui était due l'invention de la poudre à canon. Cette question n'est point encore résolue, mais ce qui est hors de doute c'est que la poudre, à une époque très-reculée, était connue des Chinois, qui du reste ne s'en servaient point pour la guerre, et qu'on en trouve à très-peu de chose près la recette dans un ouvrage écrit au treizième siècle par le Grec Marius, sous ce titre : *Liber ignium ad comburendos hostes.* Quoi qu'il en soit, l'existence des canons est constatée en Italie dès 1325; et l'on voit figurer ces redoutables engins en 1336 au siége de Ronda, en 1339 au siége de Cambrai, en 1346 à la bataille de Crécy, dans les rangs des Anglais. Les plus anciens canons, d'un très-petit calibre, étaient formés de pièces de fer, reliées entre elles par des cercles. Un cordelier de Fribourg, Berthold Schwartz, remplaça, vers 1360, le fer par un alliage métallique, qui résistait mieux à l'action du tir. Il fit part de sa découverte aux Vénitiens, et ceux-ci, en 1370, armèrent quelques galères de canons fabriqués d'après son procédé. Ce fut là l'origine de l'artillerie de marine. A dater de cette époque de nombreux perfectionnements furent successivement introduits dans l'artillerie. L'un des perfectionnements les plus importants est dû à Jean Bureau de La Rivière, qui vivait sous Charles VII et sous Louis XI; il fit le premier l'emploi de l'artillerie légère, se portant rapi-

LES VOITURES.

Les Français avec qui je vis me disent : Un homme attentif comme vous ; un homme qui écoute comme vous... Je mérite peut-être quelquefois cette petite louange.

Il n'y a pas très-longtemps que, dans une maison où je me trouvai, un avocat, qui était peut-être un médecin, ou même un financier, ou même un commerçant, mais qui à sa mise ne me paraissait point porter sa science en carrosse, parla cependant assez pertinemment des carrosses. On va voir si cette fois aussi je fus attentif et si j'écoutai bien.

Pour moi, dit-il, j'en sais plus qu'on n'en sait sur les litières et sur les carrosses ; j'en sais sans doute trop,

dement d'un point à un autre sur un champ de bataille, et régla théoriquement l'usage de l'artillerie de siége. La première arme à feu portative fut l'arquebuse ; en 1527, on vit paraître le mousquet, mais on ne s'en servit d'abord que dans l'attaque et la défense des places. En 1567, il remplaça complétement l'arquebuse. On y mettait le feu comme aux arquebuses, d'abord avec une mèche tenue à la main, ensuite avec une mèche fixe, passée dans un appareil adhérent au bois, dit *serpentin*, qui s'abaissait sur l'amorce, au moyen d'une détente, et se relevait lorsqu'on rechargeait l'arme. On le tirait en l'appuyant sur une fourchette que l'on fixait en terre. Dans les dernières années du seizième siècle, on remplaça la mèche par un *rouet*. Dans ce nouveau système, le mousquet avait un chien portant une pierre taillée, comme dans nos anciens fusils à silex : on abaissait le chien au moyen d'une détente, et la pierre, en frappant sur un rouet cannelé, mettait le feu à la charge. Quelques régiments français restèrent armés du mousquet à mèche jusqu'en 1692.—L.

car, dans le monde, toutes les fois que j'en entends parler, je suis obligé de redresser beaucoup de gens.

Je sais que nos litières à brancard sont anciennes en Occident, et plus anciennes en Orient.

Je sais encore mieux que je ne sais pas et qu'on ne sait pas quand, pour la première fois, elles ont été décorées de soieries, de franges, de glaces, de glaces couvertes de devises, de vers écrits en lettres d'or; mais je fais des recherches, soit dans les inventaires mobiliers, soit dans les comptes des grandes maisons, et je le saurai.

Je sais que les chars où les hommes se font porter sont de même anciens, fort anciens; je sais que les Romains en avaient; je sais qu'au treizième siècle, les Françaises en avaient, comme aujourd'hui les Francaises et les Français en ont (1).

Je sais encore mieux que je ne sais pas et qu'on ne sait pas quand, pour la première fois, ces chars ont cessé d'être charrettes couvertes, roulant sur des essieux; quand, pour la première fois, ils ont été suspendus sur des ressorts; quand leur couverture en demi-cercle a été changée en couverture élevée, plate, à quatre eaux, en impériale; quand ils ont été en dedans rembourrés, matelassés de laine; quand ils ont été en dehors couverts de cuir, de drap, de velours; quand ils ont été garnis de mantelets se haussant, s'abattant, de custodes, de rideaux; quand ils ont été sculptés, peints, cloutés de millions de pe-

(1) Lettres de L'Hôpital : lettre 1re écrite en 1543. Il y est parlé du grand nombre de voitures couvertes de cuir dans lesquelles on allait à la campagne.

tits clous dorés (1) ; enfin, quand ils ont été dignes de leur nouveau nom italien, de char rouge, *carro rosso.* Du reste, je fais aussi des recherches, soit dans les inventaires mobiliers, soit dans les comptes des grandes maisons, et je le saurai.

En attendant, je sais que c'est durant nos troubles civils qu'ils ont été armés, aux quatre coins, d'épieux, de pistolets avec balles, moules de balles, poudre et fourniment ; que c'est encore vers ce temps qu'ils ont été quelquefois construits en lits de poste ; qu'ils ont été en temps de deuil drapés de noir.

En attendant, je sais aussi que l'usage de ces voitures devient tous les jours plus général.

Je sais qu'il en est de même en Allemagne ; de même en Italie, où les carrosses sont les plus riches ; de même en Angleterre, où ils sont les plus élégants.

Je sais que nos successeurs, ne pouvant mieux faire, feront autrement; et que, si nous avions fait comme ils feront, ils auraient bien sûrement fait comme nous faisons.

(1) « ... A sçavoir pour XLII aulnes de velours... pour servir à doubler les trois impériales... ensemble pour faire le grand mathelas doublé de velours... pour rembourrer de laine ladite carroche... pour seize aulnes de damas rouge pour faire les rideaux... pour une douzaine de vaches grasses pour couvrir les trois impériales... pour doubler le carroche de velours cramoisy... cinq milliers de cloux à rosette pour ladite carroche... pour douze crochets dorez pour servir aux mantelets... soixante-six anneaulx pour servir aux custodes... à maistre Lazare, peinctre, pour avoir peinct ladite carroche de fin or, argent et couleur vermeille et y avoir mis les chiffres et armes de monseigneur... » Roole de la despence extraordinaire faicte en la petite escurye de monseigneur frère du roy, durant l'année 1574.

Enfin, je sais qu'on nomme celui qui mène un coche le cocher, et celui qui mène un carrosse un carrossier.

LE MONNAYAGE.

Voici maintenant une historiette au moins aussi vraie qu'une histoire.

Il y eut sous le règne du feu roi, à l'hôtel des monnaies de Paris, une assez plaisante dispute. Un mécanicien, nommé Abel, avait trouvé le moyen de frapper au balancier les pièces de monnaie. Les frappeurs se dirent à l'oreille que leur état serait perdu, que tout le monde pourrait aussi bien qu'eux frapper au balancier ; ils dirent à tout le monde que la monnaie frappée au balancier était déformée ; cependant elle était mieux formée. Ils dirent que l'empreinte n'en était pas nette. Ils dirent qu'on avait toujours frappé au marteau ; une partie du monde fut alors pour eux. Ils dirent que les innovations avaient bouleversé la religion, l'État ; ils eurent alors tout le monde. Depuis on a abandonné le balancier, on a repris le marteau, et sans doute pour ne plus le quitter.

Autant de lettres de l'alphabet, autant d'hôtels de monnaies ; chacun a la sienne.

A écrire aussi que, depuis François Ier, la valeur métallique des pièces de monnaie égale à peu près la valeur métallique des pièces de métal du même poids.

L'écu vaut 3 livres 5 sous, le demi-écu 1 livre 12 sous 6 deniers, le quart d'écu 16 sous 3 deniers.

Les arithméticiens prétendent que cette division

monétaire n'est pas bonne ; les monnayeurs répondent : Chacun son métier !

LE PAPIER.

Sous le titre de blason du cabinet, la poésie en a décrit le mobilier. Que d'objets !

Je parlerai seulement du papier, qu'on ne fait en aucun lieu de France, pas même à Troyes, pas même à Avignon, pas même à La Rochelle, pas même à Thiers, pas même aux moulins anglais établis en France, aussi bien qu'à Clermont, où la rame ne coûte cependant guère plus de trois livres.

L'ENCRE.

Doit-on parler de l'encre avant de parler du papier? Je crois que les avis sont partagés. Ce qu'il y a de sûr, c'est qu'après avoir parlé de l'un il faut parler de l'autre. Je dirai donc que l'encre la plus commune est composée d'eau de pluie ou de vin, de noix de galle, de vitriol et de gomme ; qu'il y a de l'encre de toutes les couleurs et notamment de l'encre rouge, composée de brésil et de lie de tartre ; qu'il y a de l'encre d'argent liquide, qui fait bien sur le vélin noir; qu'il y a de l'encre d'or liquide, composée de feuilles d'or, de miel, de gomme dissoute, qui, sur le vélin propre, ne plaît pas moins à l'œil ; qu'il y a de l'encre phosphorique, dont l'écriture est lue la nuit ; enfin, qu'il y a de l'encre ammoniaque, dont l'écriture n'est visible qu'après l'avoir approchée du feu.

L'IMPRIMERIE.

Il faut obéir aux lois du pays où l'on habite.

Que je suis fâché qu'elles me défendent de mettre l'imprimerie, même la fonte des caractères, parmi les arts mécaniques !

J'aurais mentionné Tory de Bourges, qui a trouvé les proportions entre la tête de l'homme et les lettres romaines, Vergier et ses successeurs, dessinateurs de lettres grecques, l'habile fondeur Le Bé, issu de cette ancienne famille d'habiles papetiers de Troyes ; et avant eux Garamon, qui leur a taillé les meilleurs poinçons.

Ici, je ne puis donc rien dire de ce règlement sévère par lequel les fondeurs sont astreints à travailler depuis cinq heures du matin jusqu'à huit heures du soir.

Ici non plus, je ne puis rien dire des perfections mécaniques de la presse, si bien disposée pour que le frappement soit égal sur toutes les parties du papier, du perfectionnement de l'encre préparée à l'urine humaine.

Ici, je ne puis sans doute parler même de l'ordonnance qui veut que le tirage soit fait dans les vingt-quatre heures après la composition de la forme (1).

(1) Deux siècles avant notre ère, les Chinois connaissaient l'art de reproduire l'écriture au moyen de planches de bois sur lesquelles étaient gravés des caractères. Soit qu'il ait été importé de la Chine, soit qu'il ait été découvert en Europe par la seule initiative de quelque inventeur aujourd'hui inconnu, ce

XVIe SIÈCLE

Presse typographique en bois.

LA RELIURE.

Mais les lois ne me défendent pas de parler ici des relieurs.

Je les ai épiés; je les ai vus assembler les feuillets non comme autrefois avec des gros fils de chanvre,

procédé, auquel on a donné le nom de *xilographie*, fut appliqué en Europe vers les premières années du quinzième siècle, et quelques-uns de ses produits figurent encore dans nos bibliothèques et nos musées (les plus anciens sont de 1418); mais il ne réalisait pas un grand progrès sur l'écriture à la main, attendu qu'il fallait beaucoup de temps pour graver les planches de bois, et qu'on ne pouvait reproduire avec ces planches que la même page, encore ne la reproduisait-on qu'avec lenteur et de grandes difficultés, par l'estampage à la main. Il était réservé à l'Allemand Gutenberg de découvrir l'imprimerie, telle que nous la connaissons, c'est-à-dire de faire des livres avec des lettres mobiles, qui servent indistinctement pour tous les livres, et à l'aide desquelles on peut en faire un nombre indéterminé. Après avoir trouvé les caractères mobiles, Gutenberg trouva la presse à vis qui remplaça l'estampage à la main, ce qui permit de tirer les empreintes beaucoup plus rapidement et d'une manière beaucoup plus nette. C'est à Mayence que Gutenberg fit ses premiers essais; c'est de cette ville que sortit en 1453 le premier livre imprimé ou du moins le premier qui nous soit connu. Pierre Schœffer compléta la découverte de Gutenberg par l'invention des poinçons, des matrices, des moules et des entonnoirs qui servent à graver et à fondre les caractères. On employa d'abord les caractères gothiques, qui furent remplacés, dès 1470, par les caractères romains, dont l'invention est due à un imprimeur français, Nicolas Jenson, né en 1420. Sous le rapport de la beauté des caractères, de l'élégance des volumes, de la correction des textes, nous n'avons point dépassé les belles éditions des célèbres imprimeurs de la fin du quinzième siècle et du seizième.—L.

mais avec des nerfs de parchemin, de cuir ; je les ai vus aplatir le dos, le rendre quelquefois tout uni. Je les ai vu dorer, argenter sur tranche ; j'ai suivi leurs ingénieuses opérations. Ils serrent d'abord le livre entre les deux montants d'une presse ; ils grattent les trois côtés de la tranche et ils les oignent d'une mixtion de blanc d'œufs, de bol d'Arménie et de sucre-candi, qu'ils laissent sécher ; ensuite ils passent légèrement sur ces trois côtés un pinceau trempé dans l'eau, et ils appliquent la feuille d'or ou d'argent ; ils la polissent avec une dent de chien, et c'est fini.

Je puis dire aussi comment, contre l'action de l'air ou la poussière, ils défendent les couleurs des tranches par des rebords descendant des plats où, au milieu de filets, de fleurs, d'enroulements, est souvent écrit le nom de celui auquel appartient le livre.

LA LÉGISLATION DES MÉTIERS.

Il ne faut pas croire que les statuts des corps de métiers soient modernes : ils font partie des lois romaines ; mais à mesure qu'ils ont été vers l'âge de la féodalité, ils se sont chargés de ses chaînes. Maintenant, à mesure qu'ils s'en éloignent, ils s'en déchargent. Cependant, ils sont encore sous le poids de la plus lourde, sous le poids des jurandes et des maîtrises (1).

Peu de temps après mon arrivée en France, je me

(1) Voir dans l'*Introduction*, en tête du premier volume, ce qui a été dit sur les maîtrises, les métiers libres et les essais tentés à diverses époques pour établir la liberté de l'industrie.

trouvai dans une belle salle d'une riche maison de Lyon, où je demandai si, aussi bien qu'en Turquie, l'industrie en France ne pourrait être libre.

Non, répondit une personne, les ouvrages faits dans les enclos des commanderies, dans l'enceinte de certains hôpitaux, des châteaux privilégiés, des salvetat, où il n'y a pas de maîtrise, ou, ce qui revient au même, de garantie, sont tous mauvais : j'ai remarqué, moi, que le chapeau, l'habit, les chausses, les souliers, faits dans la ville jurée ou des maîtrises, me durent deux fois plus que ceux faits dans le faubourg non juré, qui touche au rempart.

Si ! dit une autre personne, car j'ai remarqué, moi, tout le contraire. J'ajouterai du reste que je suis d'une province dont les états ont demandé l'entière liberté des arts, je suis Breton.

Ces jours-ci, je lisais diverses lois qui permettent aux maîtres artisans d'exercer à la fois deux métiers; qui permettent aux maîtres artisans des villes où il y a parlement d'exercer leur métier dans toute la France; qui permettent aux artisans d'une ville où il y a présidial de l'exercer dans toute l'étendue de la juridiction. Voilà un commencement de liberté ; la voici tout entière : moyennant finance, l'ordonnance de 1581 déclare maîtres tous les compagnons artisans, lorsque suivant la grandeur des villes où ils voudront s'établir, ils payeront depuis un écu jusqu'à trente.

Et toutefois, le public a moins tenu à l'exécution de cette loi que les jurandes ont tenu à son inexécution ; aussi est-elle tombée en désuétude.

LES ARTISANS.

Dans certaines bourgades, les artisans sont encore serfs. Dans certaines provinces, s'ils altèrent les matières qu'ils travaillent, ils sont encore punis de mort. Dans certaines corporations, leur teneur d'écritures, leur clerc, est encore leur magistrat.

Qu'on ne croie cependant pas qu'au temps présent ils ne soient beaucoup plus considérés qu'au temps passé.

En effet, il y a aujourd'hui beaucoup plus d'or, beaucoup plus d'orfévres, beaucoup plus de soie, beaucoup plus de fabricants de velours, beaucoup plus de chefs de fabriques, c'est-à-dire beaucoup plus d'artisans s'approchant de l'état d'avocat et de magistrat.

Aujourd'hui le roi ne dédaigne pas de conférer lui même avec les artisans sur le perfectionnement de leurs ouvrages.

Il ne dédaigne pas d'ériger en titre d'office le métier de certains d'entre eux.

J'ajoute qu'aujourd'hui les artisans se défendent eux-mêmes avec leurs lois, ou, si vous voulez, qu'ils se défendent eux-mêmes contre leurs lois ; elles sont aujourd'hui toutes en français.

Hé ! qui ne sait d'ailleurs que durant les dissensions religieuses ils ont été jetés dans les conseils des ligueurs, pêle-mêle avec les gens de robe, les nobles, les ecclésiastiques ? On dit que le souvenir s'en est conservé sur leurs registres ; je ne sais, mais je le vois conservé sur leurs figures.

DIX-SEPTIÈME SIÈCLE

LES

PÉRÉGRINATIONS INDUSTRIELLES

DU CHEVALIER DE MALTE

DIX-SEPTIÈME SIÈCLE

LES PÉRÉGRINATIONS INDUSTRIELLES
DU CHEVALIER DE MALTE

ARGUMENT

Dans la littérature, les arts et l'industrie, le dix-septième siècle marque l'apogée de la civilisation française sous l'ancienne monarchie. Il n'a plus le caractère initiateur et révolutionnaire de la Renaissance; il est calme, solennel et classique; il imprime à toutes ses œuvres un caractère de force et de majestueuse grandeur.

Les arts technologiques restent à peu près au même point que sous Henri IV; des améliorations partielles sont réalisées, mais aucune grande application nouvelle ne se substitue aux anciens procédés. Deux hommes de génie, Français tous deux, Salomon de Caus, né en Normandie vers 1580, et Denis Papin, né à Blois, en 1647, constatent tous deux la force d'expansion de l'eau vaporisée. Dans le traité intitulé : *Les Raisons des forces mouvantes*, publié en 1615 et réimprimé en 1624, Salomon de Caus établit, avec la rigueur d'un esprit mathématique, la théorie des machines à vapeur et il en indique la construction. Denis Papin publie, en 1690, un Mémoire sur l'*emploi de la vapeur d'eau comme moteur universel*. Il résume quelques années plus tard ses idées sur ce puissant moteur dans la *Nouvelle manière d'élever l'eau par la force du feu*, et pour démontrer la réalité de sa découverte, il fait construire un bateau à roues et le fait marcher au moyen d'une machine à vapeur. Malheureusement pour la France, ces illustres inventeurs devaient passer loin d'elle une partie de leur vie et mourir sur la terre étrangère. Salomon de Caus ne fut pas enfermé comme fou, par ordre de Richelieu, ainsi qu'on l'a dit souvent, — le cardinal a commis assez de crimes pour que l'on n'ait pas besoin de lui attribuer encore celui-là, — mais trouvant difficilement à vivre dans son pays, il alla porter ses talents en Angleterre et en Allemagne et fut successivement attaché au prince de Galles et à l'électeur palatin. Denis Papin, en sa qualité de protestant, fut forcé de quitter la France, à la suite de la révocation de l'édit de Nantes ; il professa les mathématiques à l'université de Marsbourg, et ce fut sur une rivière allemande, sur la Fulde, qu'eurent lieu les premiers essais de la machine à vapeur, découverte par un Français.

Quelle gloire pour le grand roi, quelle fortune pour la France, si de Caus avait trouvé dans sa patrie les encouragements qui sont dus à tous les hommes voués aux nobles spéculations de la science, si Papin y avait trouvé les garanties et la sécurité qui sont dues à tous les bons citoyens ! La première machine à vapeur aurait fonctionné aux Gobelins, le premier bateau à vapeur aurait navigué sur la Seine, et les étrangers, toujours prêts à profiter de nos fautes, ne viendraient pas aujourd'hui nous contester la priorité de l'une des plus importantes découvertes du génie de l'homme.

Ainsi que nous l'avons indiqué plus haut, les améliorations réalisées au dix-septième siècle furent avant tout des améliorations partielles, portant tantôt sur une industrie, tantôt sur une autre. Elles sont presque toutes dues à Colbert, et leur but est surtout de naturaliser chez nous les fabrications pour lesquelles nous étions restés tributaires de l'étranger. Ce grand ministre ne faisait en ce point que continuer les traditions de Louis XI et de Henri IV. « Il s'occupa, dit l'un de ses historiens les mieux renseignés, M. Pierre Clément, de naturaliser chez nous les manufactures de glaces, de bas de soie, de verres de cristal, de points de Venise et autres objets pour l'achat desquels des sommes considérables sortaient tous les ans du royaume. Ces diverses fabrications, en se fixant en France, y reçurent ce cachet d'élégance qui est le caractère distinctif de nos produits. Au seizième siècle, l'un des plus anciens économistes nous reprochait de donner notre or aux étrangers pour des *babioles*, et cent ans plus tard il s'était produit dans les échanges internationaux de si grands changements que Bolingbroke, à son tour, reprochait aux Anglais et aux autres peuples de l'Europe de porter, par millions, leur argent aux Français pour leur acheter une foule de futilités élégantes sorties des ateliers de Paris et de Lyon. Dès 1669, quarante-quatre mille deux cents métiers fabriquaient les étoffes de laine, et Lyon occupait à lui seul, pour la fabrication des soieries, dix-huit mille ouvriers. »

La naturalisation des industries étrangères ne fut pas le seul service que l'illustre Colbert rendit à son pays. Le 7 octobre 1666, il fit signer au roi l'édit de création du canal du Languedoc, qui devait bientôt mettre en communication l'Océan et la Méditerranée, et dont le projet avait été conçu par un homme complétement étranger à la science de l'ingénieur, Pierre-Paul Riquet, né à Béziers en 1604. De même que la reine Élisabeth d'Angleterre, il voulait fonder la grandeur politique et militaire de la France sur sa grandeur commerciale, et pour la réalisation de cette grande pensée, il organisa, avec un merveilleux ensemble, un vaste système d'améliorations qui avait pour objet de favoriser le développement de toutes les forces vives du royaume, de donner pour auxiliaires à l'industrie les sciences et les beaux-arts, de rendre les transactions internationales plus actives, les communications intérieures plus faciles, de relever aux yeux des populations les professions industrielles, et d'augmenter par la prospérité des colonies la richesse de la métropole. Pour obtenir ces grands résultats, il institua le conseil du commerce, présidé par le roi, les conseils de prud'hommes, véritables justices de paix des métiers qui évitaient des procès ruineux. Il revisa les tarifs des douanes frontières ; il supprima en même temps dans douze provinces les douanes intérieures, et s'il ne les supprima pas dans tout le royaume, ce fut uniquement pour satisfaire aux vœux des habitants d'une grande partie de la France, qui ne comprenaient pas encore les avantages de la libre circulation d'une province à l'autre. Il fonde les académies de peinture et de sculpture, l'académie des sciences, l'école industrielle des Gobelins, qu'il place sous la direction du peintre Lebrun, l'école des langues orientales; il accorde des primes aux constructeurs de la marine marchande, ainsi qu'aux armateurs. Il fait aux fabricants des avances importantes; il crée cinq grandes compagnies pour le commerce de l'Amérique, de l'Indo-Chine, du Levant et de l'Afrique; enfin par les colonies du Canada, de l'Acadie, de Terre-Neuve, de Saint-Pierre de Miquelon, de la Louisiane, de Saint-Domingue, de la Martinique, de la Guadeloupe, de Tabago, de la Barbade, de Cayenne, de Fort-Louis, de Bourbon, de Pondichéry, de Madagascar, il fonde un royaume français d'outremer, dont les provinces sont en quelque sorte dispersées dans le monde entier.

Jamais la France n'avait été plus riche, plus forte, plus respectée, mais pour les peuples comme pour les individus, l'extrême prospérité touche souvent à l'extrême misère. Colbert fut disgracié par Louis XIV, et ce prince lui-même fut bientôt abandonné par la fortune. La révocation de l'édit de Nantes, en 1685, marqua pour lui l'heure fatale des revers. Les protestants, qui formaient la partie la plus riche, la plus éclairée, la plus laborieuse de la nation, quittèrent la France au nombre de huit cent mille. Ils portèrent à l'étranger leur activité, leur or, leurs procédés de fabrication, et furent les instruments les plus redoutables de la coalition européenne qui aboutit au traité d'Utrecht, triste prélude des traités de 1815 et de 1871. L'industrie française ressentit profondément le contre-coup des désastres politiques et militaires des dernières années de Louis XIV; la production fut grandement ralentie; mais elle avait fait de si notables progrès, que, malgré nos désastres, notre industrie était encore, au début du dix-huitième siècle, la première de l'Europe. Monteil, pour nous raconter son histoire, donne la parole à un chevalier de Malte, en villégiature chez un riche bourgeois, M. Monfranc, qui avait acheté, comme tous les riches bourgeois de son temps, une charge à la cour, où il s'était lié d'amitié avec le chevalier. Le chevalier, qui a beaucoup vu, donne très-exactement la statistique industrielle des villes de France. On sait, grâce à lui, quels étaient les principaux centres de production sous le règne de Louis XIV. — L.

LE CHEVALIER DE MALTE

M. Monfranc fit, du temps qu'il était à la cour, la connaissance d'un chevalier de Malte. Ce chevalier a des goûts fort peu chevaleresques. Il a parcouru une à une toutes nos villes manufacturières. Ces jours-ci il est venu en passant visiter M. Monfranc. Il aime beaucoup à dire ce qu'il a vu, et toute la famille s'est plu à le lui faire dire.

A une des premières soirées que nous étions tous réunis au salon de compagnie, la petite Monfranc, déjà si jolie, si vive, demanda au chevalier s'il avait vu faire les DENTELLES DE FLANDRES ? Oui, mademoiselle, lui répondit-il ; et en regardant les doigts des Flamandes remuer alternativement, sur leur tambour de taffetas noir, trois ou quatre douzaines de petits fuseaux avec les fils desquels elles tracent sur un fond de réseau des ramages, des fleurs, des branches, des fruits, si rapidement que l'œil en est charmé, je croyais que c'était une merveille particulière à cette industrieuse province ; mais depuis, au Havre, à Paris, à

Aurillac, au Puy, enfin partout où l'on fait aussi de la dentelle, la mobilité des doigts des femmes ne m'a pas moins étonné.

J'ai vu faire aussi à Louvres, à Villiers-le-Bel, des dentelles de soie; c'est la même manière. Tous les petits fuseaux, d'un pouce de long, garnis de soie au lieu de l'être de fil, pendent du centre du bourrelet ou tambour, et servent de même à passer les fils les uns sur les autres, suivant les diverses façons de la dentelle.

J'ai vu encore faire à Paris les dentelles d'or, d'argent; c'est toujours la même manière.

Les dentelles de fil, et vous ne me le demandez point, parce que vous le savez mieux que moi, sont les plus chères. On me fit voir à Valenciennes des manchettes de trente, quarante mille livres. On me dit que le lit du roi, tout en point, était le plus grand et le plus bel ouvrage en ce genre qui ait jamais été fait (1).

(1) Les dentelles étaient en très-grande vogue au dix-septième siècle. Les hommes en portaient aussi bien que les femmes et l'on en mettait partout, même aux souliers et aux bottes : mais sous Louis XIII, la fabrication française ne suffisant pas à la consommation, et les plus riches dentelles étant tirées de l'étranger, ce qui faisait sortir beaucoup d'argent, le gouvernement rendit en 1629, 1635, 1633 et 1639, des ordonnances qui avaient pour objet d'en restreindre l'usage. Ces ordonnances furent révoquées en 1661, et Louis XIV, secondé par Colbert, mit tout ses soins à développer la production nationale. Ce grand ministre établit dans son château de Lonzai, près d'Alençon, une fabrique de ces belles dentelles connues sous le nom de *point d'Alençon* ou *point de France*. Le comte de Marsan obtint pour sa nourrice le droit de fonder à Paris des ateliers de dentelles, où des demoiselles nobles vinrent travailler à côté des bourgeoises, pour s'instruire à fabriquer elles-mêmes les futilités élégantes qui leur coûtaient si cher. Par malheur,

M. Monfranc eut son tour. Je suis sûr, dit-il au chevalier, que vous avez parcouru la Picardie ; vous avez donc vu faire les SERRURES D'EU. Oui, lui répondit-il, j'ai visité ce petit pays, autrefois pauvre, couvert de bois, de genêts et de chaumières, aujourd'hui bien cultivé, riche, couvert de maisons habitées par de bonnes gens, agriculteurs en été et serruriers en hiver, fabricant durant cette saison toutes sortes de serrures à simple tour, à double tour, qui ont un grand débit en France et hors de la France. Moi, qui avais vu les grilles de Versailles, leurs sculptures et leurs dorures, les portes de Notre-Dame de Paris et leurs ornements en fer dus à Biscornette, et le fameux cabinet d'acier ciselé (1), les chefs-d'œuvre de notre temps, je trouvai les serrures d'Eu très-bonnes, très-belles (2).

Les dames reprirent leurs questions: Monsieur le chevalier, nous n'osons guère parler des QUENOUILLES

Louis XIV, ruiné par la guerre et des prodigalités sans mesure, s'imagina, comme la plupart de ses prédécesseurs, que la misère de l'État tenait au luxe des particuliers, et rendit contre les dentelles et autres ornements de toilette des ordonnances somptuaires qui portèrent un coup fatal à la fabrication. — L.

(1) On donnait le nom de *cabinet* à des boîtes qui servaient aux mêmes usages que nos nécessaires et même que nos coffres. Il y en avait de très-grandes dimensions. — L.

(2) La serrurerie d'Eu est encore aujourd'hui très-florissante dans la partie de la Picardie située entre la Bresle et la Somme. — L.

DE PÉRONNE à un homme de guerre. — Bon! j'ai voulu aussi les voir faire. Le tourneur chez qui j'entrai avait, dans ce moment, devant lui le traité de son art par le père Plumier (1). Les jésuites sont en tout fort habiles, lui dis-je ; vous êtes là entre les mains d'un habile maître. Je vois dans votre atelier le tour, le petit tour de fer, le tour en l'air, et bien d'autres instruments qui ont subi d'heureux changements. — Les bons instruments font en partie les bons ouvriers. — Tournez-vous les métaux? — Nous tournons toute sorte de matières ; le maître chez qui j'ai fait mon apprentissage, à Lyon, tournait d'assez grandes colonnes de pierre tendre. — Dans les boutiques des tourneurs des autres villes, je vois des dévidoirs, des tournettes, des chandeliers, des guéridons, des bois de chaise, des pieds de table, des quenouilles de lit, des montants d'armoire : car aujourd'hui la mode est de tourner une partie de la menuiserie ; ici je ne vois que des quenouilles à filer. — Et nous avons bien de la peine à pouvoir faire toutes celles que de tant de côtés on nous demande. — Il viendra sûrement s'établir ici d'autres tourneurs ? — C'est impossible, car il est écrit sur toutes les portes de la ville qu'il n'en faut pas d'autres. — Qu'est-ce à dire ? Je ne vous comprends pas. — Oh! je vais me faire comprendre. Vous saurez donc que, lorsqu'il vient ici un jeune tourneur dans l'intention de s'y établir, j'en suis aussitôt informé. Je vais à son hôtellerie, je l'invite, je le régale, je lui donne un écu pour sa passade ; ensuite, comme délégué des autres tourneurs, je l'emmène tout doucement à la porte de la ville ; je lui

(1) L'*Art du Tourneur*, par le P. Plumier, minime, Lyon, 1701.

montre un gros bâton de buis, court, noueux, caché sous mon habit, et je vous assure que tout aussitôt il lit très-distinctement sur la porte ce que je viens d'avoir l'honneur de vous dire.

Les dames reprirent leurs questions, qui eurent pour objet les TOILES DE PICARDIE. Le chevalier répondit : Oui, j'ai vu faire aussi les belles toiles de Saint-Quentin, d'Abbeville, de Noyon, de Vervins.

Le long des rouissoirs, c'est-à-dire des fosses ou des cours d'eau d'où le bois du chanvre et du lin se dissout, et par ce moyen se détache plus facilement de la filasse, je rencontrai plusieurs fois un homme à cheval ; je le rencontrai aussi dans les ateliers ; je le rencontrai enfin à l'auberge. Nous fîmes connaissance. Il ne se cacha pas de moi quand il vit qui j'étais. Il me dit qu'il était marchand voyageur, et il me donna avec confiance ses tablettes à lire. Tous les divers genres de toiles y étaient décrits par ce qu'elles avaient de commun et par ce qu'elles avaient de différent. L'apprêt, les dimensions et l'aunage des toiles d'emballage, des toiles à voile, des toiles grises, des toiles d'ortie, des toiles rousses, des toiles bleues, des toiles à drap, des toiles à chemise, des batistes, des linons, y étaient marqués avec la plus scrupuleuse exactitude.

Dans ce même article se trouvaient aussi les procédés en usage à Paris et à Rouen pour faire, avec de la cire et de la térébenthine, des toiles cirées.

Nous parlâmes et nous nous entretînmes longtemps, et avec plaisir, du linge ouvré, damassé, de la Flandre, de la Picardie, de la Normandie, de la Guienne et de quelques autres provinces, où le tisserand, en multipliant les marches de son métier, vous trace sur une nappe les batailles de César et d'Alexandre (1).

Outre que ce voyageur était l'homme le plus instruit, il était en même temps l'homme le plus poli. Il avait l'air de me suivre, et c'était cependant moi qui le suivais.

On dit cidre de Normandie ; je ne sais pas pourquoi on ne dit pas aussi pain de Normandie : il est si bon ! LE PAIN DE GOURNAY est le meilleur de la province. Mon nouveau compagnon, que je continuais à suivre dans sa route, m'emmena dans cette ville, où il entra chez un boulanger pour connaître sa manipulation. Il lui demanda si, comme les fameux boulangers de Paris, tels que le boulanger de Monsieur, le boulanger du parlement, il faisait usage de la levure de bière ? Oui, lui répondit-il, j'en fais usage pour rendre mon pain meilleur, et je la décrie pour qu'elle ne m'empêche pas de vendre. Mon compagnon nota et me fit noter ce tour de boulanger. Il voulait que dans l'étude de l'art on fît entrer aussi celle de l'artisan. Il s'intéressait singulièrement à son indépendance, à sa dignité, toujours croissantes avec la perfection de la

(1) Le linge ouvré et damassé était connu au quinzième siècle, comme on le voit par les serviettes à *ramages* que la ville de Reims offrit à Charles VII. Cette belle industrie fut perfectionnée par un simple tisserand de Caen, nommé André Graindorge.—L.

main-d'œuvre. Aussi, peu de temps après, écrivit-il et me fit-il écrire l'histoire que je vais vous raconter.

Il y avait ou plutôt il y a aux TANNERIES DE CAEN un tanneur nommé Bazile ; son étendage tenait un grand espace, et l'odeur incommodait parfois le voisinage. On appelait Bazile, on lui parlait durement ; Bazile ne sentait rien. Un conseiller au présidial s'y prit mieux. Il alla chez le tanneur son voisin. Mon cher Bazile, vous saurez que l'intendant me demande un mémoire sur les arts de notre ville, parmi lesquels celui du tanneur occupe un rang distingué : faites-moi, je vous prie, ma leçon ; apprenez-moi si de nos jours le tannage des cuirs a fait de grands progrès. Monsieur le conseiller, il y a longtemps qu'on débourre les peaux avec la chaux ; mais aujourd'hui on essaye de les débourrer avec des fermentations de farine d'orge, ce qui laisse plus de force au tissu (1).

Les procédés du hongroyage sont aussi des perfectionnements de notre siècle ; nous les devons à no-

(1) Parmi les industries qui se rattachent à la tannerie, il faut mentionner celle des cuirs vernissés, gauffrés et dorés, qu'on désignait sous le nom *d'or basané*. Cette industrie était fort ancienne ; elle travailla d'abord pour les équipements militaires et les harnais. Au seizième siècle elle fut appliquée à la décoration des appartements. La mode des cuirs dorés était encore assez répandue sous Louis XIV ; mais à cette date, ces cuirs n'étaient plus qu'une simple basane à fond clair, avec fleurons dorés, tandis qu'aux époques antérieures on y représentait des personnages, imprimés en relief et rehaussés d'or. — L.

tre bon roi Henri IV. Il envoya en Hongrie un tanneur intelligent nommé Rose, qui rapporta de ce pays le secret de fabriquer ce genre de cuirs. Vous allez voir en quoi il consiste. Les peaux sont lavées, nettoyées, mais sans être fatiguées ; on ne les débourre pas ; on se contente d'en raser le poil avec un couteau bien affilé, après quoi on les passe dans une eau chargée de sel et d'alun ; on les teint en noir ; on les engraisse au suif ; on les étire : et voilà ces peaux changées en beaux cuirs de Hongrie. — Les tanneries de Caen sont-elles les premières ? — Non, ce sont celles de Troyes, qu'on a transplantées au faubourg Saint-Marceau de Paris, dans ce gras territoire de l'industrie. Le conseiller s'entretint longtemps avec le tanneur, toujours de la manière la plus polie, la plus amicale. Enfin Bazile, entièrement gagné, dit : Oui, monsieur le conseiller, je crois qu'on a raison ; je commence à sentir, depuis que vous parlez, l'odeur de mon étendage. Vous êtes un de mes plus proches voisins ; il sera déplacé avant la fin du jour.

Mon compagnon, continua le chevalier de Malte, m'emmena ensuite voir les fabriques des DRAPS DE LOUVIERS. Cette industrieuse province de Normandie, me dit-il, ce grand magasin des draperies françaises, n'a cependant pas les petites étoffes, les tiretaines, les pinchenats, les bures, les serges, les flanelles, les simpiternes.

En examinant l'état naturel de l'art, nous demeurâmes d'accord tous deux que les drapiers des siècles précédents n'étaient inférieurs à ceux du nôtre que par leur moindre habileté dans l'exécution des procédés.

Les Normands d'Elbeuf, surtout ceux de Louviers, leur auraient donné de bonnes leçons, dis-je, et les Picards d'Abbeville de meilleures. Monsieur, me dit alors mon compagnon, avez-vous vu la manufacture de DRAPS D'ABBEVILLE? Oui, lui répondis-je : ce sont les mêmes procédés qu'à Louviers, mais plus perfectionnés et surtout plus soignés. Vous avez donc vu, reprit-il, dans ces vastes salles les magnifiques enfilades de métiers battants, et vous avez remarqué, j'en suis sûr, qu'aussitôt que la chaîne ourdie et collée est enroulée sur l'ensouple, tout aussitôt les deux tisserands qui servent chaque métier se mettent à l'ouvrage, et de leur navette et des coups de leur châsse battent une espèce de cadence ou mesure dont la précision rappelle celle de la musique et peut-être la surpasse.

Monsieur, lui dis-je à mon tour, seriez-vous de mon avis? Je regarde la manufacture d'Abbeville comme la première du monde. Je le suis, me répondit-il, car celle de Sedan, que beaucoup de gens lui comparent, ne lui est nullement comparable. On y compte, j'entends à celle d'Abbeville, jusqu'à trois, quatre, cinq mille ouvriers; on ne s'arrête pas là et on a raison, car c'est un petit peuple; l'immense bâtiment peut à peine en contenir la moitié. Êtes-vous fâché, comme bien des gens, que les quatre suisses qui gardent les quatre portes soient vêtus de la livrée du roi ? Êtes-vous fâché que les ouvriers étrangers soient réputés Français, et que tous indistinctement jouissent des franchises, des exemptions d'impôt et de plusieurs privilèges des nobles ? Je lui répondis qu'on ne saurait faire trop d'honneur aux arts. Vous n'êtes donc pas fâché, dit-il encore, qu'on ait anobli les chefs des manufactures de Sedan et d'Abbeville, les Cadeau et les Van Robais (1)? Je le suis si peu, lui répondis-je, que, si j'étais grand-maître de Malte, leurs illustres noms vaudraient à leurs enfants huit quartiers de noblesse, et plus, s'il en fallait.

Mon compagnon adopta ma classification de la grande draperie française : draps de Languedoc, de

(1) Van Robais était un manufacturier de Middelbourg que Louis XIV fit venir à Abbeville en 1665, avec cinquante ouvriers pour y établir la fabrique de draps fins qui a joui d'une si grande réputation. Louis XIV lui donna 12,000 fr. pour le transport de ses meubles, métiers et ustensiles, lui avança des sommes considérables, défendit d'imiter ses draps et d'en établir aucune fabrique dans la ville et à dix lieues de distance, à peine de 1,500 fr. d'amende au profit des hôpitaux d'Abbeville, de la confiscation des marchandises et des métiers. Les privilèges accordés à Van Robais et à ses successeurs portèrent aux anciennes industries de la ville un coup fatal. Il en fut de même des autres villes où s'établirent des manufactures privilégiées, et l'on a lieu de s'étonner que ce fait n'ait été signalé par aucun des historiens de Louis XIV. (Voir F. C. Louandre, *Histoire d'Abbeville et du Ponthieu*, 1845. In-8°, t. II, p. 374.) On peut juger des perfectionnements introduits dans la fabrication des draps en comparant, à 175 ans de distance, la production de la manufacture d'Abbeville. Les Van Robais, avec 6,000 ouvriers environ, fabriquaient par année 15,000 aunes de drap. En 1845, leurs successeurs, avec 650 ouvriers, en fabriquaient 60,000 aunes. Les plus beaux draps, en 1670, se vendaient 75 fr. l'aune; en 1845, ils se vendaient 20 fr. pour la

Berry et de quelques autres provinces, façon d'Elbeuf, draps d'Elbeuf, façon de Louviers ; draps de Louviers, façon de Sedan et d'Abbeville : draps de Sedan ou d'Abbeville, autrefois façon d'Espagne ou de Hollande, aujourd'hui façon de Sedan ou d'Abbeville.

Il voulut que nous allassions voir les TEINTURERIES DE ROUEN. J'en fus enchanté. De petits canaux amènent l'eau devant les portes, en sorte que la manipulation se fait en dehors des maisons, et que l'aspect des rues en est agréablement animé. Mon compagnon entra chez un teinturier de sa connaissance, nommé Le Genet, que ses voisins, parce qu'il porte des habits ordinairement de couleur verte, nomment Le Genet vert. A cause de moi, il lui fit de nombreuses questions, qui furent suivies de longues et savantes réponses qu'en ce moment je crois devoir abréger.

Il faut la cochenille pour faire, répondit Le Genet, de cette belle écarlate des gendarmes de la garde ;— du pastel, mélangé d'indigo, pour faire ce beau bleu de roi des justaucorps à brevet (1). — Un bain au pastel, un autre à la garance et un autre à la noix de

même longueur. La manufacture d'Abbeville, magnifiquement bâtie par Mansard, est occupée aujourd'hui par une fabrique de tapis.—L.

(1) Les habits à brevet étaient des habits de même couleur et de même forme que ceux du roi, et que l'on ne pouvait porter qu'en vertu d'une autorisation spéciale consignée dans un brevet. Ils étaient portés par les personnes qui accompagnaient le roi dans ses voyages. En 1662, l'habit à brevet était une casaque de moire bleue, avec broderies d'or et d'argent.—L.

galle vous donneront ce beau noir qui va si bien aux jeunes magistrats et qui fait si bien ressortir le teint des dames, lorsqu'ils se trouvent à côté d'elles ; — et la gaude, ce beau jaune, devenu une couleur parante des livrées des grands seigneurs ; — et le mélange de la couleur bleue avec la couleur jaune, ce beau vert dont les chasseurs font leurs habits de grande tenue.

Messieurs, continua Le Genet, les ingrédients pour la composition des principales couleurs, des couleurs primitives, et de toutes les nuances en dérivant, sont rappelés dans le règlement que nous donna monsieur Colbert, en 1669. On y trouve les pesées et des matières colorantes et des mordants qui les fixent à la laine : du tartre, du vitriol, de l'alun, de la couperose, de l'arsenic, du sel ammoniac, de l'agaric, du sublimé, de l'esprit de vin, de la cendre gravelée, de la soude, de la potasse, de l'eau-forte, du vert-de-gris. Eh bien! quoique cette instruction, en forme de règlement, soit le meilleur traité de teinturerie qui ait encore été publié, vous auriez beau le suivre, l'exécuter de point en point, que vous ne pourriez cependant teindre : c'est qu'à l'art de la théorie il faut joindre l'art de la pratique, cet art qui fait dire à la renommée : écarlate des Gobelins, julienne, noir de Lyon, bleu de Rouen, vert de Tours, jaune de Nîmes. Mon compagnon, sur le pas de la porte, demanda au teinturier : Quelles sont les matières les plus faciles à teindre ? — La laine, ensuite la soie. — Et les plus difficiles? — Le coton, le fil, ensuite le lin ; nous avons beau faire, le lin se moque de nous (1).

(1) La demoiselle Gervais avait trouvé le secret de teindre

Mon compagnon et moi nous nous remîmes en voyage. Il faut absolument, lui dis-je, ne fût-ce qu'à cause des dames, que nous allions à Laigle. Allons ! me répondit-il gaiement en piquant son cheval. Mesdames, mesdames, attention ! dit agréablement le chevalier, il s'agit des ÉPINGLES DE LAIGLE.

On prend des fils de laiton, on les coupe par faisceaux avec de grandes cisailles à la longueur des épingles qu'on veut faire. On les affûte successivement sur la meule et sur le polissoir. On les garnit de leur tête, faite aussi avec du fil de laiton, tourné en spirale, comme la cannetille des cordes de violon ou de guitare ; ensuite, pour les blanchir, on les jette dans un grand cuvier suspendu, et on les brasse avec de l'étain, du plomb et du vif-argent, suivant les procédés anciens, ou, suivant les nouveaux en usage dans les riches familles de Paris, avec des feuilles d'étain fin mélangées de feuilles d'argent. Mesdames,

les cotons, les fils et les lins d'une manière indélébile. Le gouvernement était entré en négociation avec elle pour lui acheter son secret. J'ai, dans mes cartons, les deux mémoires, manuscrits et probablement autographes, relatifs à ce projet, qu'elle présenta à Fagon, médecin de Louis XIV, et ensuite membre du conseil de régence ; elle y insiste beaucoup sur les mauvaises teintures des cotons des Indes et de Turquie, pour l'amélioration desquels l'État avait promis beaucoup à celui qui pourrait y réussir. Elle assure que sa teinture a résisté pendant les expériences faites par les commissaires aux débouillis de savon et de sel de soude. J'ignore si le secret fut acheté et si on accorda à la demoiselle Gervais les pensions et les priviléges qu'elle demandait.

ajouta le chevalier, vous avez plusieurs fois vu qu'il suffit d'un seul tonnelier pour faire de ces grandes cuves qui ne peuvent entrer par aucune porte; eh bien! croiriez-vous qu'il ne faut pas moins de vingt-cinq ouvriers pour faire la plus petite de vos épingles, que vos doigts si délicats ont quelquefois de la peine à saisir?

Nous nous remîmes en route. Mon compagnon me proposa d'aller dans l'Anjou; je lui proposai de passer par Rennes : longue discussion. J'ai encore détaché ce feuillet, terminé par ces mots : Nous nous quittâmes. Mesdames, vous serez sans doute bien aise que j'aie voulu aller voir faire le BEURRE DE LA PRÉVALAIE, célèbre ferme qui prête son nom au beurre d'un grand nombre d'autres fermes et même de villages des environs.

Vous savez, et peut-être mieux que moi, qu'en France nous avons deux manières de faire le beurre : ou, suivant celle du Midi, en battant la crème avec la main, dans de grandes terrines de grès; ou, suivant celle du Nord, en battant la crème avec une spatule de bois, dans un petit baril, appelé baratte. A la Prévalaie on le fait de cette manière; seulement, au lieu d'employer du sel blanc pour le saler, on emploie du sel gris. Je vis remplir, avec cet excellent beurre, des milliers de petits pots d'un quart ou d'une demi-livre dont la plus grande partie est transportée jusqu'à Paris.

Un Anglais, d'autres disent un Allemand, avait

écrit sur ses tablettes qu'il y avait au Mans deux bonnes fabriques, l'une de poulardes, l'autre de bougie. Bien que la volaille du Mans mérite toute sa réputation, j'avoue, dit le chevalier en répondant à la petite Monfranc, que je n'ai pas demandé comment on l'engraissait ; je ne puis rien dire de cette fabrique. Mais, continua-t-il en répondant ensuite à madame Monfranc, j'ai curieusement examiné les fabriques de la BOUGIE DU MANS.

Il n'y a guère plus de quarante ou cinquante années que la manière de faire la bougie filée, ou bougie de lanterne, a été portée de Venise en France par un habile cirier de Paris, nommée Blesmare. Je l'ai vu faire au Mans. Les procédés en sont fort simples. On enroule sur un cylindre de bois des mèches de fil qu'on fait plonger et tourner dans une cuve de cire bouillante, jusqu'à ce que la bougie soit venue à la grosseur qu'on désire.

Je voulus voir faire aussi la bougie de table. J'entrai chez un riche cirier, et, suivant ma coutume, je demandai quels étaient les derniers perfectionnements de l'art. Ce bon fabricant me répondit qu'excepté quelques parties du blanchiment, on n'avait pas plus changé, depuis plusieurs siècles, à la fabrication de cette ancienne bougie, que les abeilles n'avaient changé à celle de la cire.

Je ne me souviens pas si l'on fit des questions au chevalier sur les ARDOISES D'ANGERS ; je crois qu'on ne lui en fit pas.

J'ai vu aussi, continua-t-il, les ardoisières de l'Anjou, dont on porte les ardoises dans toutes les parties de l'Europe. Les plus belles se trouvent à peu de distance de la ville capitale. Elles y sont si nombreuses et les orifices si rapprochés, que la terre semble percée comme une écumoire. Tous les ans on en tire douze millions de milliers de feuilles.

Il y a deux classes d'ouvriers travaillant à ces ardoisières. La première est celle des *ouvriers d'en bas* ainsi appelés parce qu'ils travaillent dans les excavations. J'y descendis. Ils sont plus exposés à périr par l'eau qui jaillit de tous les côtés que s'ils étaient sur mer. Je les y ai vus s'en défendre avec beaucoup de courage et d'intelligence. Je laissai une pièce d'argent au fond d'un de ces trous ; j'y aurais dû en laisser une d'or. — La deuxième classe est celle des *ouvriers d'en haut.* Sous une espèce d'abri mobile ou de châssis, qui tourne à volonté, qui les défend des différents vents, de la pluie et du soleil, ils travaillent, à l'extérieur des carrières, à exfolier, à tailler l'ardoise. L'un d'eux, à qui je m'adressai, m'apprit qu'il était presque impossible de disjoindre les lames des blocs d'ardoise tirés depuis longtemps des ardoisières, au lieu qu'avec son ciseau et son maillet il exfoliait très-facilement ceux qu'on venait d'en tirer. Monsieur, ajouta-t-il, vous le voyez, il ne s'agit que de les prendre à point. — Mon ami, lui répondis-je en lui donnant aussi une pièce d'argent, pour toutes les affaires de la vie il en est de même.

Mes belles dames ! à l'Anjou touche l'Orléanais :

Attention ! attention encore ! il s'agit du bon et beau SUCRE D'ORLÉANS. — Dites-nous, je vous prie, où vient le sucre ? — En Amérique, aux Indes-Orientales ; mais en Amérique surtout, son pays natal (1) ou adoptif. — Avec quoi le fait-on ? — Avec du jus de canne à sucre, grand roseau gros comme le bras, long de cinq ou six pieds, qu'on exprime entre deux lames de fer, dans une chaudière posée sur le feu. Ce suc passe successivement dans quatre chaudières, sous lesquelles brûlent les roseaux exprimés et desséchés. A chacune il est écumé, et, au moyen de lessives de chaux, il est clarifié, épuré, cristallisé.

A la célèbre raffinerie d'Orléans, les ouvriers, ou plutôt les serviteurs, car c'est ainsi qu'il faut les appeler, si on ne veut les offenser, me dirent qu'on ne se contente plus de ce sucre ordinaire ; il faut maintenant aux riches du sucre royal, du sucre qu'on clarifie de nouveau en le faisant dissoudre dans une eau légèrement teinte de chaux, légèrement imprégnée d'alun, et en la passant trois fois encore à travers une chausse de drap beaucoup plus serrée. Ce sucre acquiert alors la transparence du cristal et la blancheur de la neige ; il est digne d'être enveloppé dans du papier bleu, afin de porter l'habit de sucre royal. — Et quelle est la manière de faire les autres sucres ?

La cassonade ou sucre brut n'est que le suc de la

(1) Il est sûr que les cannes à sucre croissent naturellement aux Indes orientales, puisque Pline et les anciens naturalistes en font mention. Mais croissent-elles naturellement aux Indes occidentales? C'est douteux. On voit seulement dans les *Mémoires de la Ligue*, Voyage de Drake aux Indes occidentales, année 1585, qu'au seizième siècle il y avait des cannes à sucre à Saint-Domingue.

canne au sortir de la chaudière, versé dans un grand vaisseau appelé le refroidisseur. — Le sucre terré se fait en couvrant de terre les formes où est le sucre, et en le purifiant au moyen de l'eau versée par-dessus. — Le sucre tapé se fait avec du sucre râpé qu'on tape dans les formes. — Le sucre candi blanc est du sucre cristallisé.— Le sucre candi rouge est du sucre candi mêlé avec du sucre de pomme. — Enfin, le sucre candi mêlé de safran.

Mesdames, ajouta le chevalier, je ne sais trop si c'est aux hommes que la nature a donné l'arbuste de la vigne ; mais pour le délicieux roseau qui renferme le sucre, bien sûrement c'est aux femmes.

Elle vous a donné aussi les coings, poursuivit galamment le chevalier, et, à cause de vous, elle s'est plu à les parfumer. J'en ai vu faire les CONFITURES DE TOURS dans les environs de cette ville, où les industrieux vignerons les confisent au sucre, et les réduisent en gelée, dont ils remplissent ces boîtes minces et plates si bien nommées *friponnes*.

M. Monfranc dit au chevalier, en lui parlant de son passage dans le Berri et de l'HORLOGERIE DE CHATELLERAULT : Est-il vrai que, de notre temps, l'horlogerie ait fait les plus grands progrès ? — Il n'y a pas de doute, lui répondit le chevalier.

Le pendule des horlogers a été inventé récemment par Huyghens.

Autrefois, le ressort à spirale de l'abbé Hautefeuille n'était pas connu (1).

La chaîne n'était pas encore en métal, mais bien toujours en boyau, toujours sujette à toutes les variations de tension et de distension.

Les horlogers n'avaient pas encore parfaitement régularisé la denture, n'avaient pas encore, par un meilleur mécanisme, diminué les frottements.

Il n'y avait pas, autrefois, de petites horloges de maison ou de pendules, il n'y avait pas de montres à répétition.

Il n'y avait pas non plus de montres à trois, quatre mouvements, de montres sonnantes, de réveille-matin, de ces ingénieuses montres appelées montres d'ivrogne, qu'on peut, à volonté, monter à droite ou à gauche, enfin, de montres qui vont huit, quinze jours.

Du reste, nos meilleurs horlogers, les horlogers protestants, sont passés en Angleterre (2). Les An-

(1) Robert Hook s'attribua l'invention du ressort spiral des montres ; Huyghens, de son côté, prétendit aussi en être l'inventeur : voyez son ouvrage intitulé, *Pars quinta constructionem aliam e circulari pendulorum motu deductam continens.* Vint en même temps l'abbé Hautefeuille, mécanicien célèbre, qui actionna devant le parlement Huyghens comme lui ayant dérobé la gloire de l'invention de ce ressort. Il est bien difficile de savoir qui des trois est l'inventeur. J'aime à croire que c'est notre abbé Hautefeuille.

(2) A la suite de la révocation de l'édit de Nantes. Cet édit, qui assurait aux protestants le libre exercice de leur culte avait été promulgué en 1598 ; il fut rapporté le 22 octobre 1685. Les protestants quittèrent la France ; leurs coreligionnaires s'empressèrent de leur offrir un asile, et nos compatriotes fugitifs leur portèrent, avec leur or, nos plus belles fabrications; C'est à des fugitifs français que la Prusse doit ses meilleures

glais ont de grandes obligations aux théologiens de Versailles ; ils ne sont pas les seuls.

Monsieur, dit encore M. Monfranc au chevalier, y a-t-il ou n'y a-t-il pas dans le commerce de vraies peaux de chamois ; et, de même qu'à Paris on fait beaucoup de vin sans raisins, ne fait-on pas aussi, à Niort, sans chamois, du CHAMOIS DE NIORT? Monsieur, lui répondit le chevalier, qu'on fasse du chamois avec des peaux de chamois, ou, comme cela se fait le plus souvent, avec des peaux de mouton, de chèvre, les procédés de l'apprêt sont toujours les mêmes, et les voici :

Prenez plusieurs douzaines de ces peaux; prenez de la chaux, débourrez-les, lavez-les, nettoyez-les, passez-les au couteau du côté du poil ou de la laine et du côté de la chair, trempez-les dans un bain de son; lorsqu'elles ont fermenté, retirez-les, tordez-les,

fabriques de chapellerie, de ganterie, de velours, de tapis, les manufactures de Halle et de Magdebourg; ce sont eux qui ont établi à Harlem les étoffes de soie à fleurs; ce sont eux qui ont été fonder au Cap, sous le pavillon hollandais, les fameux vignobles dont les produits font en Angleterre une si rude concurrence aux vins français; ce sont eux qui ont naturalisé en Angleterre la fabrication des toiles à voiles, dont la France avait eu jusque-là le monopole; qui portèrent à Cantorbéry l'industrie des soies et celle du taffetas, dit d'Angleterre, et qui affranchirent nos voisins du tribut des 50 millions qu'ils nous payaient, avant la révocation, pour acheter nos denrées. (Voir l'article que nous avons publié dans la *Revue des Deux-Mondes*, 1er juillet 1853; et le livre de M. Weiss : les *Protestants français en Europe*.) — L.

I. Marchand Tailleur du XVIIe siècle. 1627

II. Forgeron du XVIIe siècle.

mettez-les en pile sur une table ; arrosez-les et frottez-les d'huile, une à une, avec la main ; assemblez-les par boules ou pelotes de quatre peaux chacune, foulonnez-les, étuvez-les ; répétez l'opération de l'huilage et du foulonage, suivant que vous voudrez des peaux moins douces, plus douces ; et suivant que vous voudrez des peaux moins fortes, plus fortes, passez-les après le dégraissage, repassez-les des deux côtés plus ou moins longtemps sous le fer du ramailleur. Dégraissez-les par une nouvelle lessive et par un nouveau tordage, donnez-leur enfin le jaune d'ocre, et vous aurez des peaux chamoisées, ou, si vous voulez, par abréviation, du chamois tel qu'on le fait à Niort, où on le fait bien.

Monsieur, dit l'académicien, vous avez apparemment vu les FORGES DU BERRI, vous avez parcouru aussi cette province ? Oui, lui répondit le chevalier, et je ne sais trop si ces belles forges ne l'emportent pas sur celles de la Flandre, de la Normandie, de la Bretagne, de la Bourgogne, du Nivernais, du Béarn, de la Navarre, et même de la Lorraine, qui passent pour les plus belles du monde entier ; je fus dans la plus vive admiration. C'est dans ce moment qu'il faut parler aux ouvriers. Comme ailleurs et peut-être mieux qu'ailleurs, leur dis-je, vous tirez un nouveau fer de vos anciennes mines. Vos procédés sont en tout supérieurs à ceux que mentionnent les vieux règlements. Vous purgez mieux le fer, vous le battez mieux ; et d'ailleurs votre fer, du moins une partie de votre fer, à la seconde fonte devient de pur et de bon acier.

En m'en allant, je tournai plusieurs fois la tête pour voir encore ces nombreux fourneaux de brique rouge, au-dessus desquels de grands panaches de flamme et de fumée s'élèvent plus haut que les arbres des forêts, et donnent à la province un aspect caractéristique.

Et je n'en doute pas, dit encore l'académicien, vous vîtes ensuite les TAPISSERIES D'AUBUSSON. Ah! lui répondit le chevalier, pouvais-je ne pas aller voir ces belles hautes et ces belles basses lisses qui vous retracent si vivement sur la laine les scènes à moitié effacées dans votre pensée, ces tapisseries qui, à cause de leurs couleurs et de leurs peintures, sont recherchées en France et en Europe (1).

Lorsque j'allai visiter ces manufactures, je trouvai tous les tapissiers et toutes les tapissières qui chan-

(1) La fabrication des tapisseries reçut au dix-septième siècle de grands perfectionnements; le progrès fut surtout très-sensible pour la perspective et la composition du dessin. Les tapisseries, à cette époque, devinrent, comme la gravure, une sorte d'annexe de la peinture, et reproduisirent les tableaux des maîtres de l'époque. C'est ainsi qu'en 1717, le gouvernement français fit présent au czar Pierre de tapisseries exécutées d'après les plus belles toiles de Jean Jouvenet, et représentant la *Pêche miraculeuse*, la *Madeleine aux pieds de Jésus*, la *Résurrection du Lazare*, et *Jésus-Christ chassant les marchands du temple*. Chacune de ces tapisseries était tirée, pour ainsi dire, à plusieurs exemplaires.—L.

taient, et qui ne se dérangèrent guère que lorsque je leur parlai des tapissiers des Gobelins, les premiers tapissiers du monde. Ils peignent, leur dis-je, avec leurs navettes de soie. Les tentures des Gobelins sont des miracles de l'art. Colbert a fondé ce magnifique établissement.

Ce ministre, ajoutai-je, a fondé aussi une troisième fois la manufacture des tapis de Perse de la Savonnerie ; elle l'avait été la première fois en 1604 par notre bon roi Henri, et la seconde en 1627, par Louis XIII. Cet établissement d'un autre genre, n'est pas moins admirable.

Il a fondé, ajoutai-je encore, la manufacture de tapisserie de Beauvais. Il a restauré, soutenu, protégé la vôtre et celle de Felletin. Colbert est le père des arts.

Beauvais, me dirent-ils d'un ton superbe, nous surpasse peut-être, mais nous l'approchons de si près qu'il a peur de nous, et cette peur ne nuit pas à ses progrès.

Et, ajoutèrent-ils, Felletin, qui a peur des tapisseries d'Auvergne, s'imagine que nous avons peur de lui. Mes amis, j'ai vu ces manufactures, dont vous ne faites pas grand cas. Toutefois, elles m'ont surpris par leur manière expéditive; car, tandis qu'il vous faut, à vous, un assez grand espace de temps pour faire vos châteaux, vos donjons, vos chevaux, vos hommes, vos armes, elles ont en quelques instants terminé une forêt remplie d'oiseaux, un paysage peuplé de toute sorte de bêtes. Ces verdures ne sont pas tant à dédaigner ; je conviens cependant encore que vos tapisseries, bien que mélangées de laine et de soie, d'or et d'argent, sont à un prix qui en rend le commerce plus général que celui des tapisseries de Beauvais ; mais dans ce moment, vous avez à craindre les caprices de la mode : elle met en vogue les siamoises ou tapisseries à bande de soie et de coton, les tapisseries de tonture de laine, les bergames, mélange de laine et de bourre de soie, les tapisseries rases de calmande, les tentures de coutil à personnages, les basins peints, façon de haute lisse, les cuirs dorés et les rouleaux de papier peint. Je n'entends pas, ajoutai-je en prenant congé de ces bonnes gens, suspendre votre gaieté ; mais si vous ne redoublez d'efforts, la mode triomphera ; et si alors vous chantez, vous chanterez à votre enterrement.

Pourquoi les fabriques d'Aubusson ne périraient-elles pas ? continua le chevalier : les ÉMAUX DE LIMOGES, achetés au poids de l'or, pendant tant de siècles, dans tout l'univers, sont maintenant à peine connus (1).

L'académicien, grand consommateur de papier, avait préparé ses questions sur les PAPETERIES D'AN-

(1) Voir le livre de M. Jules Labarte : *Recherches sur la peinture en émail*. Paris, 1856, in-4°. C'est un traité complet sur la matière. On y trouvera l'histoire exacte de l'émaillerie limousine. Cette belle industrie fut introduite à Limoges au douzième siècle. Elle a produit de véritables chefs-d'œuvre aux treizième et quatorzième siècles ; mais elle perdit de son importance lorsque les progrès des arts du dessin assurèrent la prééminence de la peinture à l'huile et de la sculpture sur les mosaïques en émail incrusté. — L

GOULÊME. Il les fit avec ordre. Le chevalier y répondit de même.

Nous conservons, dit-il, les livres du siècle passé, imprimés par les plus riches et les plus célèbres imprimeurs. Nous conservons aussi les lettres des princes et d'autres grands personnages de ces temps. Les meilleurs papiers étaient alors mauvais ; tous les nôtres sont, aujourd'hui, bons : c'est que nos devanciers faisaient ce que nous ne faisons pas, et qu'ils ne faisaient pas ce que nous faisons.

Nous portons le plus grand soin aux divers triages des chiffons et à leur lavage. — Nous taillons et nous retaillons les chiffons. — Nous les laissons macérer dans les cuves le temps convenable. — Nous laissons, sous les maillets des moulins, la pâte de chiffons jusqu'à sa parfaite trituration. — Nous donnons à l'eau de la cuve, qui tient en dissolution cette pâte, le degré de chaleur le plus convenable. — Nous employons, pour puiser dans la cuve cette pâte, un moule carré ou forme, dont la claire-voie, de fil de laiton, est plus propre à lâcher ou à retenir la pâte nécessaire à chaque feuille. — Nous manions plus dextrement cette forme, et les feuilles que nous en retirons sont d'une épaisseur plus égale. — Nous azurons mieux ces feuilles. — Nous nous servons de carrés de feutres plus unis pour les séparer entre elles, une à une, au sortir du moule. — Nous les pressons mieux, nous les séchons mieux. — Nous les collons dans une colle de rognures de cuir, de parchemin, mélangée d'alun et couperose. — Nous les lissons avec une pierre légèrement graissée de suif.

C'est à Angoulême, ajouta le chevalier, que j'ai vu faire ces opérations avec toute la perfection possible.

A la papeterie où j'entrai, le *salleran* ou chef de la salle me fit voir aussi comment on dorait le papier sur tranche, et comment on le parfumait.

Autrefois papier de Troyes! papier de Troyes! ensuite papier de Clermont! aujourd'hui papier d'Angoulême! papier d'Ambert! papier de Thiers! papier de Limoges! papier d'Essonne!

A souper, au dessert, M. Monfranc dit au chevalier : Personne mieux que vous ne pourra nous apprendre si cette eau-de-vie est vraiment de l'EAU-DE-VIE DE COGNAC, et si c'est de la bonne. Le chevalier ne manqua pas de la trouver vraie et excellente eau-de-vie de Cognac, et il en prit occasion de parler de la manière dont on la faisait. Lorsque j'entrai dans les ateliers de tapisseries d'Aubusson, dit-il, je trouvai ainsi que je vous l'ai raconté, les ouvriers d'une gaieté surprenante. Je m'attendais à trouver ceux des fabriques d'eau-de-vie de Cognac encore plus gais; mais ce fut tout le contraire : ils étaient tristes et silencieux comme leurs alambics.

Je m'aperçus que l'eau-de-vie, devenue boisson habituelle, altérait l'humeur et le caractère. Les distillateurs ont mille fois plus de disputes que les tisserands de tapisseries, et leurs disputes sont mille fois plus vives : le genre des aliments, surtout le genre des boissons, est une des causes du genre du caractère.

A Cognac, les distillateurs croient faire de meilleure eau-de-vie que celle de Nantes, qui passe pour la meilleure : ils ont raison.

Dans les celliers de Cognac, je vis distiller aussi

l'esprit de vin qu'on devrait plutôt appeler esprit d'eau-de-vie, car ce n'est que de l'eau-de-vie distillée. Autrefois on faisait une double distillation : d'abord celle du vin, pour le réduire en eau-de-vie, ensuite celle de l'eau-de-vie, pour la réduire en esprit de vin. Aujourd'hui on n'en fait qu'une. On n'a fait d'autre changement à l'appareil que celui d'allonger le cou du matras ; ce qui empêche la partie aqueuse ou flegme de l'eau-de-vie de monter en vapeur ou de se mêler à l'esprit de vin.

Il s'éleva une dispute entre les deux petites Monfranc. La petite aînée soutenait à sa petite sœur, avec la morgue de deux années de plus, que les BOUCHONS DE LIÉGE venaient, non de la ville de Liége, mais du pays des Landes. Le chevalier vida la dispute en faveur de la petite aînée. Je poursuivais, dit-il, ma route dans les forêts de ce pays, je ne pensais nullement à voir faire des bouchons de liége, lorsque le conducteur de ma voiture me montra, à droite et à gauche, des pâtres qui, avec leur couteau, faisaient de ces bouchons si adroitement, si promptement, qu'il m'était impossible de cesser de les regarder. Je mis un écu dans ma main, et, le laissant voir entre mes doigts que j'écartais, je leur criai d'approcher ; ils vinrent en foule. Je les priai de me dire comment ils faisaient ces bouchons. Vous voyez, me dirent-ils, cet arbre dépouillé de son écorce; nous l'avons cernée par le haut et par le bas, avec un fer tranchant ; nous l'avons fendue dans toute sa longueur, nous l'avons enlevée ; nous l'avons plongée dans une mare où, au moyen de grandes pierres, nous l'avons aplatie en table ; nous l'avons retirée, séchée, appropriée. Vous avez, je crois, examiné comment nous en faisons des bouchons avec le couteau, et comment, parce qu'ils sont plus minces par un bout, et plus gros par l'autre, il faut absolument les faire avec le couteau ; nous ne pouvons ni vous en dire ni vous en apprendre davantage. Il était temps d'ouvrir ma main et je l'ouvris.

Madame, dit le chevalier en s'adressant à madame Monfranc, et cette fois sans qu'aucune de ses questions eût précédé, il est à Bayonne et aux villages voisins un mois de l'année où, si l'on peut parler ainsi, on ne cesse d'entendre le couteau du boucher qui égorge les porcs. Le grand nombre de JAMBONS DE BAYONNE qu'on sale alors est à peine croyable. Notre commerce en est enrichi.

Voici la manière de les saler ; elle est simple. Dès que les jambons ont été coupés, on les frotte un à un avec des poignées de sel ; au bout de quelques jours, on ajoute au sel un peu de salpêtre. Lorsqu'ils ont pris la quantité de sel suffisante, on les suspend dans la cheminée, et on les parfume en faisant brûler au-dessous des arbustes aromatiques.

J'ai vu qu'à Bayonne on trouvait meilleurs les jambons de Mayence. J'ai ensuite vu qu'à Mayence on trouvait meilleurs les jambons de Bayonne.

Lorsque je passai à Pau, continua le chevalier, je

voulus visiter l'hôtel des MONNAIES A LA VACHE, si recherchées dans toute la France, parce que, dit-on, elles portent bonheur. Je vis que c'était en tout comme aux autres hôtels de monnaies; que le poids du métal était le même, c'est-à-dire que là comme ailleurs pour une livre d'or, d'argent en lingot, on vous donnait une livre d'or, d'argent monnayé, moins le seigneuriage ou léger droit que le roi prend sur les monnaies en qualité de seigneur, de souverain, et moins le remède ou le léger alliage que l'ordonnance passe à l'ouvrier, qui ne peut avec une justesse rigoureusement précise, tailler, arrondir les pièces.

Je vis que la fabrication en était aussi la même. L'ouvrier est devant ses fourneaux et ses creusets. Il prend les matières des monnaies d'or, d'argent, de cuivre, il les met en fonte, il les coule en lames, il en fait l'essai. — Il les fait recuire et les passe au laminoir pour leur donner à peu près l'épaisseur convenable. — Il coupe ces lames en petits carrés. — Il fait recuire ces carrés. Il les étend sur l'enclume. — Il en coupe les angles avec des cisailles, les arrondit et les ajuste au poids légal. — Il jaunit les pièces d'or et blanchit les pièces d'argent. Il y grave le *Domine salvum fac regem*, au moyen de la nouvelle et ingénieuse machine de Castaing. — Il les frappe ensuite au moulin ou balancier; la pièce s'y trouve prise entre un coin fixe, sur lequel est gravée en relief une des faces de la monnaie, et un autre coin suspendu, qui tombe avec force, et sur lequel est gravée aussi en relief l'autre face de la monnaie. — Chaque pièce frappée est chassée par une autre pièce à frapper.

Mêmes opérations pour les pièces de cuivre ou de billon.

Il y a soixante ans qu'on frappait encore au marteau les pièces, au lieu de les frapper au moulin, qu'inventa, au milieu du dernier siècle, un artiste nommé Abel.

Les pièces de monnaie frappées, essuyées, nettoyées, enregistrées, sont enfin mises en circulation. Elles charment l'œil jusqu'à ce qu'elles deviennent frustes, lisses. Ainsi, ajouta tristement le chevalier, des vieilles générations frappées au coin du vieux temps.

M. Monfranc, pour ne pas laisser le chevalier sur ses réflexions, s'empressa de le transporter dans le beau pays de Cocaigne. Monsieur le chevalier, vous avez été dans le haut Languedoc, dites-nous quelque chose du PASTEL DE LAURAGUAIS.

Le chevalier lui répondit : Le pastel ou guesde est jeté en graine dans les terres au mois de février. On en fait quatre, cinq, jusqu'à six récoltes. La première est la meilleure, la dernière la plus mauvaise. Dès que les feuilles de cette plante sont mûres, on les cueille et on les porte sous la meule, qui les réduit en une pâte dont on forme des boules qu'on sèche à l'ombre ; ensuite, lorsque pendant quatre mois on a corroyé ou pétri le pastel dix fois par mois, il passe dans le commerce.

Avant l'usage de l'indigo, le Lauraguais était le pays de Cocaigne ; depuis, le pays de Cocaigne est redevenu le Lauraguais (1).

(1) L'indigo fut introduit en Europe dans la seconde moitié

Il y avait quelque temps que le chevalier regardait la petite Monfranc, qui, de son côté, le regardait aussi. Mademoiselle, lui dit-il, vous voulez me demander quelque chose? Ah! je m'en doute : oui, mademoiselle, j'ai vu faire les SOULIERS DE TOULOUSE. Pendant mon séjour dans cette ville, j'avais pour voisin, rue Croix-Baragnon, un jeune cordonnier, qui, assis tout le jour sur sa scabelle à trois pieds, ne cessait de chanter ou de siffler ses merles. J'entrai chez lui de préférence. Il me fit voir des bottes fortes, molles, blanches, noires, des bottes de chasseur, des bottes de pêcheur, des bottes de ville ou bottines.

Il me montra des souliers de toute sorte, des souliers pointus, des souliers carrés, des souliers lacés, des souliers à patin, des souliers à nœuds, à rosettes, à ailes de papillon, à ailes de moulin à vent; des souliers à boucles, des souliers de maroquin, des souliers de cuir bronzé.

Il voulut que je visse encore les souliers pour femme. Dans l'armoire où ils étaient rangés il y en avait à talon de bois, à talon haut, à talon bas, avec des quartiers, sans quartiers; il y en avait en soie, en velours, en brocart d'or, en brocart d'argent; il y en avait de bro-

du seizième siècle; mais il fut d'abord très-sévèrement proscrit, sous prétexte que l'emploi d'une nouvelle substance tinctoriale menaçait les producteurs de pastel. En Angleterre, la reine Élisabeth en défendit l'usage, à peine d'amendes considérables. Henri IV décréta la peine de mort contre ceux qui l'emploieraient. En Allemagne, on l'appela *liniment du diable*, et l'interdit ne fut levé qu'à la fin du dix-huitième siècle.—L.

dés, il y en avait de galonnés. Les cordonniers de plusieurs villes de France, lui dis-je, envoient leurs souliers à la halle de Paris; en est-il ici de même? Il me répondit avec le ton d'un cordonnier de la Garonne: Toulouse ne travaille que pour Toulouse.

A l'autre rive de la rivière, qu'aujourd'hui on passe sur un pont bâti en partie avec les deniers de l'archevêque Colbert (1), continua le chevalier, est le vieux faubourg de Saint-Cyprien, où, dans une vieille maison, était un vieux homme qui raccommodait de vieux souliers. Je me souviens de cette singulière réunion de hasards; mais je ne me souviens pas à quelle occasion j'eus affaire avec ce bonhomme, tant y a que j'appris de lui qu'il était de Paris; qu'il avait l'honneur d'être de l'âge de Louis XIV; que dans sa jeunesse, il avait été savetier suivant la cour; qu'il l'avait suivie jusqu'à Toulouse, où il avait trouvé le vin à si bon marché et les filles si jolies, qu'il n'avait pas voulu passer outre; que, bien qu'il y eût près de cinquante ans qu'il y demeurait, il n'était censé qu'être en tournée, et faisait toujours partie de la communauté des maîtres savetiers de Paris, dont les chefs sont des gouverneurs et des prud'hommes qui ont une police fort sévère et qui n'admettent à la maîtrise les aspirants qu'après un chef-d'œuvre plus difficile que celui des cordonniers. Cependant, lui dis-je, vous ne pouvez pas travailler en neuf. — Nous le pouvons, me répondit-il, pour nous et pour notre femme. — Est-il vrai que, si vous faisiez un soulier neuf pour quelque pratique, vous ne pourriez plus être savetiers, et que vous seriez obligés d'être cordonniers? — Cela n'est

(1) Neveu du ministre, né en 1667, mort en 1738.

vrai, me répondit-il, que pour les chapeliers raccommodeurs : s'ils sont surpris à faire un chapeau neuf, tout aussitôt ils perdent leur état et rentrent dans la classe ordinaire des chapeliers fabricants. Que voulez-vous? les chapeliers ont leurs statuts et nous avons les nôtres.

Le chevalier tout à coup se mit à rire, et, à la suite d'un autre propos, dit avec bonté à la petite Monfranc puînée : Ne croyez pas non plus que la CIRE D'ESPAGNE se fait en Espagne. On ne l'y fait pas ; on ne l'y connaît même pas, car on ne se sert pour cacheter les lettres que de petits pains. C'est ce que j'ai appris à Perpignan où il y a une fabrique de cette cire. Peut-être, comme jusqu'à Louis XIII le Roussillon a appartenu à l'Espagne, et qu'il était censé en faire partie, appelait-on cire d'Espagne la cire fabriquée à Perpignan. Quoi qu'il en soit, la raison voudrait maintenant qu'on dît cire de France ; mais l'usage ne le veut pas.

Désirez-vous savoir la manière de la fabriquer? Je vais vous la dire :

On fait fondre dans une chaudière de la gomme-laque avec du vermillon, si l'on veut faire de la cire d'Espagne rouge ; avec du noir de fumée, si l'on veut faire de la cire d'Espagne noire ; avec de l'orpin, si l'on veut faire de la cire d'Espagne jaune; et on y mêle un peu de civette, si l'on veut la parfumer ; après quoi on la retire, on la coule, on la façonne en petits bâtons, ronds, plats ou tordus.

La mauvaise cire d'Espagne se fait avec de la résine. Messieurs, et surtout mesdames, ajouta d'un air malin le chevalier, ce n'est qu'à la gomme-laque qu'on peut sûrement confier son secret.

L'académicien prit la parole, moins, je crois, pour le plaisir de parler des LIQUEURS DE MONTPELLIER que pour donner quelque repos au chevalier.

Du temps de Noé, dit-il, les hommes ne voulurent pas se contenter du raisin ; il leur fallut du vin. Du temps des Romains, ils ne voulurent pas se contenter du vin ; il leur fallut du vin cuit. Ils n'ont pas voulu se contenter du vin cuit, il leur a fallu de l'eau-de-vie ; ils n'ont pas voulu se contenter de l'eau-de-vie, il leur a fallu de l'eau-de-vie sucrée, parfumée, coloriée, de l'eau-de-vie enflammée par l'esprit de vin, enfin des liqueurs.

Les meilleures liqueurs venaient de l'Italie ; maintenant elles viennent de la France, du midi de la France, de Montpellier.

A Nîmes, qui en est tout près, reprit le chevalier, je me rappelai l'ancienne colère des copistes et des écrivains contre les premiers imprimeurs, quand on me dit que les marchands de bas faits au métier avaient été sur le point d'être assommés par les bergers du Cantal ou mis en pièces par les tricoteuses de Vitré, qui ne vendaient plus ou du moins qui ne vendaient plus autant de bas tricotés à l'aiguille. Le chevalier répondait en même temps à madame Monfranc et à ses demoiselles, qui lui avaient fait des questions sur les

BAS DE NÎMES. Les Français, continua-t-il, prétendent avoir inventé cette célèbre machine ou métier à fabriquer les bas. Je voudrais bien que cela fût; mais il paraît, d'après le *Denier royal*, petit livre publié en 1620, que ce sont les Anglais. L'histoire devrait le savoir. Quoi qu'il en soit, cette machine fut portée en France vers 1666, et comme une espèce de secret acheté fort cher à l'Angleterre. On la renferma mystérieusement au château de Madrid, dans le bois de Boulogne. En 1672, le privilége accordé à Hu ayant expiré, l'usage de cette fabrication devint général et s'étendit bientôt de Paris aux autres villes. En 1684, il s'étendit encore davantage : car il fut permis non-seulement de fabriquer, au métier à bas, de la soie, mais encore toute sorte de matières. Depuis, les bas d'étoffe sont tombés, et tous les jours les bas à l'aiguille tombent. À Nîmes, les bas de soie sont bons et à bon marché, deux choses qui, autre part, se trouvent rarement ensemble.

Qui maintenant veut savoir, continua le chevalier, comment on fait les CLOUS DE GRAISSESAC ? J'ai si grande envie de le dire ! Le voici : Le cloutier prend une mince barre de fer, la fait rougir, la coupe à la longueur du clou, en forme la pointe, l'introduit dans la cloutière ou plaque d'acier, percée de trous de diverses grandeurs pour les diverses espèces de clous, rive la tête ; et en quelques coups de marteau voilà le clou terminé. C'est de cette manière qu'on fait partout les clous, et que je les ai vu faire à Graissesac, où tout le monde vit de la vente des clous, où tout le monde fait des clous. — Même le maire ? dit M. Monfranc. — Ma foi, répondit le chevalier, je ne sais s'il y a un maire ; mais s'il y en a un il fait des clous.

Ne nous parlerez-vous pas un peu des SAVONS DE MARSEILLE ? dirent les dames. Volontiers, répondit le chevalier.

Jusqu'au milieu du siècle actuel, on ne les a faits qu'avec des graisses, des huiles, de l'amidon, de la chaux. L'art n'en était guère que là, quand enfin on y a ajouté l'eau-forte, la couperose, l'ocre rouge, l'indigo, qui ont donné une nouvelle force et une nouvelle couleur aux savons.

A Marseille, vous verriez, dans de vastes ateliers, ces matières bouillir sur des fourneaux où, lorsque par la coction elles ont été réduites à la consistance d'une pâte, on les coupe en pains carrés, en pains longs, agréablement marbrés ou veinés de toutes sortes de couleurs et de nuances.

Je fus obligé d'aller deux fois à Marseille pour voir faire le savon. J'ignorais qu'on n'en faisait pas en été.

Le chevalier se plut ensuite à parler à la petite Monfranc des PARFUMERIES DE GRASSE. Mademoiselle, bien des personnes de votre sexe me demandent où l'on fait la pommade pour le teint ? je réponds : A Grasse ! où l'on fait les éventails parfumés, les toilettes de senteur, le lait virginal ? je réponds : A Grasse !

à Grasse ! Bien des hommes me demandent aussi où l'on fait le tabac à la rose, les savonnettes à l'orange, les huiles à parfumer, les perruques odorantes ? je réponds encore : A Grasse ! à Grasse ! On fait aussi à Grasse toute sorte de poudres à poudrer, de pâtes à laver les mains, toute sorte d'éponges, toute sorte de racines à nettoyer les dents, toute sorte de cires, toute sorte de sachets, de coussinets parfumés, toute sorte de cassolettes, de pastilles à brûler, toute sorte d'essences, toute sorte de parfums. Il est une ville où l'on ne travaille que pour l'odorat, c'est Grasse.

Depuis quelque temps, les dames seules interrogeaient, et c'était à elles seules que s'adressait le chevalier. Mesdames, leur dit-il, vous allez maintenant savoir comment se fait l'HUILE D'AIX.

Quand, au mois de décembre et de janvier, nous sommes auprès d'un bon feu, enfermés entre nos doubles portes et nos doubles fenêtres, les Provençaux sortent pour aller faire leur principale récolte. Alors, les olives sont rouges, elles sont mûres. On les gaule ; on les recueille sur de grands draps ; on les porte au moulin ; on les écrase avec une meule ; on les jette dans de grandes cuves d'eau ; bientôt l'huile se détache, surnage ; elle est versée dans des barils, et envoyée dans toutes les parties du monde.

Monsieur, lui dirent encore les dames, en continuant leurs questions, vous avez été en Dauphiné, vous avez vu faire et vous nous direz comment se font les GANTS DE GRENOBLE.

On prend, leur répondit-il, des peaux de chevreau ou d'agneau, on les débourre dans de la chaux, on les adoucit dans des bains de son, dans une pâte de farine, d'œufs, d'alun, de sel, et ensuite on les teint. Quand ces peaux sont prêtes, on les taille en gants, on les coud, on les brode, on les lustre, on les parfume avec de la gomme odorante ou avec des fleurs.

Mesdames, ajouta le chevalier, si cela pouvait avoir quelque intérêt pour vous, je vous dirais encore que le tannage de ces peaux s'appelle mégisserie, que les peaux des gants pour homme au lieu d'être mégissées sont huilées. Je vous dirais que les peaux de chèvre, les maroquins, sont tannés au sumac, et que les peaux de mouton, les parchemins, ainsi que les peaux de veau, les vélins, sont tannés et blanchis à la craie. Vous avez vu comment on tannait les cuirs des souliers. Ce sont là toutes les principales branches de l'art du tannage.

En nous parlant des FONDERIES DU PUY, le chevalier nous contait une petite histoire. Lorsque je voyageais dans le Vélai, nous dit-il, je fis connaissance au Puy avec un fondeur nommé Larigot, à qui je demandai s'il descendait du fameux Larigot, fondeur de la fameuse cloche de Rouen qui porte son nom, et qui est si grande qu'on est obligé de faire boire ceux qui en tirent la corde, d'où est venu le proverbe de boire *à tire Larigot*. Oui, me répondit-il, j'en descends, comme Louis XIV de saint Louis. Je suis Normand; mon père et mes aïeux sont Normands : rien n'est plus vrai; et rien n'est encore plus vrai que mon père aida à fondre Emmanuel, et que moi j'ai soufflé le fourneau où a été fondu le bronze de la statue de la place des Victoires. Nous ne sommes pas de nouveaux venus dans la fonderie. Mais, continua Larigot, puisque vous voulez apprendre les principaux procédés de notre art, apprenez d'abord ceux de la fonte des statues, je vais vous les décrire. Et il me les décrivit fort systématiquement et fort clairement.

Le maître chez qui je travaillais à Paris, continua-t-il, était un des nombreux et habiles fondeurs qui fondirent la statue de Louis XIV. L'art de fondre les cloches, me dit-il, n'est que celui de fondre les statues, ou bien que celui de fondre l'artillerie. Les moules se font tous au moyen de la cire. La différence est dans le noyau du moule, qui forme la cavité de la cloche ou du canon, dont la proportion est déterminée par la gravité du son ou la grosseur du boulet, tandis que la proportion du noyau du moule de la statue est arbitraire. La différence est aussi dans le métal : celui des statues est moitié cuivre rouge, moitié cuivre jaune ; celui des cloches est composé de quatre parties de cuivre et d'une cinquième d'étain, et celui de l'artillerie l'est de neuf parties de cuivre et d'une dixième d'étain.

J'avais demeuré plusieurs années à Paris, il me semblait que je possédais assez bien notre art ; je voulus l'apprendre encore mieux chez les plus habiles fondeurs du monde : j'allai en Lorraine, où, à cause de mon nom de Larigot, je fus parfaitement accueilli.

Je demeurai quelque temps dans ce pays, d'où, par le conseil d'un de mes camarades, je vins au Puy compléter mon instruction. En arrivant, j'entrai dans une boutique qui devint bientôt ma boutique ; j'y vis une jeune personne qui bientôt aussi devint ma femme.

Les amis de mon beau-père me firent connaître. Je fondis pour les monastères des pupîtres, des aigles ; mais j'étais ou mal payé ou payé fort tard.

Je fondis des cloches ; mais j'étais encore plus mal payé, et souvent j'usai de mon droit de les reprendre, de faire affront à leurs saints ou plutôt aux paroisses qui en portaient le nom.

Je me suis enfin réduit à la fonderie pacifique de mon beau-père. Je jette en sable, comme lui, des chandeliers, des croix, des cuillères, des clochettes. Vous ne sauriez croire combien les clochettes ont de débit dans le midi de la France : on en met aux bœufs, aux vaches, aux moutons, aux chèvres, aux chevaux de bât ; on en met aux mulets, par colliers et par rangées de plusieurs douzaines. Les chemins du midi de la France sont bien autrement retentissants que ceux du nord. C'est ce que je ne savais pas et ce que devraient savoir tous les fondeurs. Je n'ai jamais été aussi pauvre, aussi triste, que lorsque j'ai fondu des cloches ; je n'ai jamais été aussi riche, aussi content, aussi gai, que depuis que je fonds des clochettes. Monsieur, dans notre état et peut-être dans tous, il n'y a que malheur ou bonheur, cloches ou clochettes (1).

(1) Avant la Révolution, la France, pour ce qui était des sonnettes à bestiaux, était divisée en France non sonnante et en France sonnante. La France sonnante était au delà de la Loire. On ne peut se faire une idée de la quantité de sonnettes que portaient entre autres les mulets. Je les ai vus, et il me semble encore les entendre. Les vieux maîtres fondeurs qui,

Maître Larigot, lui dis-je, la FONTE DES CARACTÈRES D'IMPRIMERIE appartient-elle à votre art? Oui, me répondit-il, et je veux qu'afin que, dans la suite, il soit vrai que notre famille en a exercé toutes les parties, un de mes petits Larigot l'apprenne ; elle n'est certes pas très-difficile. Avec un poinçon d'acier, sur lequel est gravée une lettre en relief, on frappe sur un morceau de cuivre une lettre en creux : c'est la matrice. On y fond une composition de plomb, mélangé d'un tiers de fer ou d'un quart de cuivre : ce sont les caractères. On les classe, on les frotte, nettoie : c'est tout.

M. Monfranc aime beaucoup les FROMAGES DE ROQUEFORT. On sait qu'ils viennent du Rouergue ; et, bien que les Rouergais en allant à Paris passent par Nevers, il n'avait pas trouvé l'occasion d'apprendre comment se font ces fromages. Heureusement le chevalier, qui les aime beaucoup aussi, avait été sur les lieux.

Le caillé qu'on emploie, dit-il à M. Monfranc, est fait de lait de brebis et d'un peu de lait de chèvre; il est brisé jusqu'aux plus petites parties. Lorsqu'il est retiré des formes, il est ceint d'une bande de toile, et c'est alors un fromage qui est porté au séchoir, aux caves, où on lui donne le sel en l'en frottant sur les deux plats de sa surface. Ensuite on racle, à plu-

par leur âge, pouvaient avoir été les fils ou les apprentis des maîtres du dix-septième siècle, me rapportaient qu'ils leur avaient entendu dire que de leur temps il y avait bien plus de sonnettes.

sieurs reprises, le duvet ou légère mousse rouge qui se forme sur la croûte ; après quoi, on le laisse mûrir sur des tablettes, au milieu des courants d'air qui soufflent par les interstices des rochers où les caves sont creusées. Ce fromage délicat, fin, crémeux, marbré, piquant, vous tient toujours sur l'appétit, vous le donne ou vous le rend.

Faute de grandes routes (1), dit le chevalier en

(1) Tel était l'état des routes ou leur insuffisance, que sur un grand nombre de points les transports étaient matériellement impossibles. Le magnifique système de viabilité générale inauguré dans la Gaule par les Romains avait été complétement abandonné dans le moyen âge; cet abandon était la conséquence inévitable du morcellement féodal et de la faiblesse de la royauté; car pour rattacher entre elles, par un vaste réseau de routes, les diverses populations du pays, il eût fallu, d'une part, que l'autorité des rois eût été également établie et respectée partout, et de l'autre, que la solidarité des intérêts eût rapproché ces populations les unes des autres. Mais cette solidarité n'existant pas, les seigneurs dans leurs fiefs, les communes dans leurs banlieues, ne s'occupaient que des tronçons de chemins qui pouvaient leur être particulièrement utiles. Ce n'est que sous le règne de Louis XIV que l'on trouve, au sujet des routes, des mesures vraiment profitables au point de vue des intérêts généraux du pays; mais même à cette époque la grande viabilité laisse encore beaucoup à désirer, et, pour ne citer qu'un exemple, entre mille autres du même genre, nous rappellerons que, sur les quatre grandes routes qui aboutissaient à Dijon, centre administratif d'une province très-importante, une seule, celle de Paris, était à peu près praticable. Quant aux chemins vicinaux, ils étaient soumis à l'entière discrétion des seigneurs, qui souvent y interceptaient arbitrairement la circulation, comme le témoignent encore, en 1789, certains cahiers des états généraux.

s'adressant à M. Monfranc, le Rouergue manque de commerce. On ne parle guère des CHANDELLES DE RHODEZ. C'est pourtant dans cette ville que j'ai vu une des plus belles chandelleries de France. Peut-être, me dira-t-on, l'auriez-vous trouvée moins belle si

Du reste, les populations étaient souvent les premières à se montrer hostiles au perfectionnement de la viabilité. La force des préjugés populaires était encore si grande au milieu du dix-huitième siècle, qu'à cette époque des habitants de la généralité d'Auch adressèrent à leur intendant, M. d'Étigny, les protestations les plus vives au sujet des routes qu'il voulait établir dans cette généralité : « Monseigneur, est-il dit dans cette singulière supplique, les bourgeois et manants de la généralité d'Auch ont entendu parler du projet que vous auriez conçu d'ouvrir dans toutes les directions des voies de communication. Ils viennent, les yeux remplis de larmes, vous supplier de vouloir bien examiner la position où vous allez les réduire... C'est notre ruine certaine que vous méditez; nous allons être inondés de toutes sortes de denrées... Nous n'exportons guère, mais du moins notre marché nous est réservé et assuré... Pouvons-nous lutter pour la culture du blé avec les plaines de la Garonne? pour celle du vin, avec le Bordelais? pour l'élève du bétail, avec les Pyrénées? pour la production de la laine, avec les landes de la Gascogne, où le sol n'a point de valeur? Vous voyez bien que si vous ouvrez des communications avec ces diverses contrées, nous aurons à subir un déluge de vin, de blé, de viande et de laine. Monseigneur, ne prétendons pas être plus sages que nos pères; loin de créer pour les denrées de nouvelles voies de circulation, ils obstruaient fort judicieusement celles qui existaient... Nous osons donc espérer que vous laisserez la généralité d'Auch dans l'heureux isolement où elle se trouve. » — Tout le système économique du moyen âge est admirablement résumé dans ces lignes, et l'on n'a rien à ajouter pour en faire comprendre les conséquences. Ce curieux passage montre en outre jusqu'à quel point la théorie de l'isolement avait pénétré les esprits, et comment, quand le pouvoir prenait de bonnes mesures, le progrès venait se briser contre les résistances locales.—L.

vous eussiez vu celles de Paris. Je les ai vues, répondrai-je, même celles du faubourg Saint-Antoine, même celles de la rue Neuve-Saint-Médéric, où la livre de chandelles se vend sept sous, jusqu'à huit sous. La chandellerie de Rhodez est située dans un des faubourgs. On y fait des chandelles à la nouvelle manière mise en usage par Brés. On coule le suif dans un moule d'étain, au milieu duquel on a tendu la mèche.

Cette fabrique appartient au père d'une nombreuse famille, qui, avec ses enfants, suffit à tous les travaux. J'eus occasion de m'entretenir avec son frère, bon prêtre habitué de la cathédrale, qui dirige cette belle fabrique. Il me fit voir les procédés ingénieux avec lesquels il clarifiait les suifs à travers des toiles de crin très-serrées. Les règlements, me dit-il, permettent d'employer, dans la fonte des graisses, celle de bœuf pour la moitié; mais il n'entre dans notre chandelle que des suifs de mouton ou de chèvre. Venez voir encore, je vous prie, nos blanchisseries. Le jour, lorsqu'il fait soleil ou qu'il pleut, je couvre les chandelles d'épaisses bannes de toile; je ne les découvre qu'à la rosée de la nuit et du matin. Avant de sortir de ses ateliers, je lui demandai à voir de ses chandelles des rois. Il m'en montra de dorées, de peintes, de coloriées de diverses couleurs, avec des ornements en relief. Il ne fait guère de chandelles de carrier, elles sont trop minces ; ni de chandelles de cordonnier, elles sont trop grosses. Et quant à celles des pauvres gens, moitié suif, moitié résine, il n'en a jamais fait.

Monsieur, me dit-il en me reconduisant, vous serez peut-être un peu surpris de voir un ecclésiastique se mêler aux travaux d'un atelier; mais il me paraît qu'aux heures où les autres clercs ne font rien, il n'y a pas mal à faire de la chandelle.

La haute Auvergne, qui tient au haut Rouergue, continua le chevalier, sans que personne lui eût fait de nouvelle question, manque aussi de routes et de commerce. Elle est de même un peu retardée pour les arts. J'en excepte celui du chaudronnier. Qui ne connaît les CHAUDRONS D'AURILLAC ! La ville, située dans un large vallon, est peuplée d'un si grand nombre d'ouvriers en cuivre, que lorsqu'on y arrive on l'entend avant de la voir.

Je visitai, continua-t-il, plusieurs de ces bons chaudronniers. Je remarquai, que ce qui, dans ces pays, entretient la splendeur de l'art, c'est que les habitants mettent leur luxe dans le nombre et la grandeur des ustensiles de cuivre. Il n'y a pas de si pauvre, de si petite maison, où les tablettes n'en soient chargées. Dans les autres pays, bien des personnes endurent le froid pour avoir de la soie et des galons; dans ces pays, beaucoup de bonnes gens font maigre chère pour étaler dans leurs cuisines grand nombre de marmites.

Les dames firent une question au chevalier sur les SUCRERIES DE CLERMONT. Il leur répondit en s'adressant d'abord à l'académicien. Monsieur, lui dit-il, si vous n'avez pas connu le grand prieur de France (1) vous en avez sans doute entendu parler. Un jour que j'étais à lui faire la cour, il vint un jeune ecclésiastique, vermeil et frais comme l'aurore. Petit abbé, lui dit le grand prieur, que tu es heureux d'être aumônier d'un beau monastère, de confesser les jeunes religieuses ! c'est pour toi qu'on prépare les pâtes de pomme, les pâtes de coing, les pâtes d'abricot, les conserves aux fleurs, les dragées ambrées, les massepains à l'orange, les massepains soufflés, les meringues, les biscuits glacés, les amandes à la praline, les pistaches colorées, les oranges, les poncires confits ; c'est pour toi qu'on a inventé les sultanes, les mousselines craquantes. Le grand-prieur ne finissait pas, car il aimait un peu toutes ces friandises. Mais, lui dit le jeune ecclésiastique, nous sommes deux aumôniers, et, d'après le règlement, c'est le vieil aumônier qui confesse les jeunes religieuses, et c'est moi qui confesse les vieilles. Ah ! maudit règlement ! s'écria le grand-prieur en appuyant ses deux mains sur les deux épaules de l'aumônier. Mon ami, retourne-t'en au plus vite ; va-t'en dire de ma part à ton évêque que, s'il ne révoque son règlement, c'en est fait de ce bel art de la confiserie ! J'ajoute, continua le chevalier, en se tournant vers les dames, qu'on trouve à Clermont les divers objets pour lesquels avait peur le grand prieur ; ils y sont faits en toute perfection.

Suivant l'auteur des *Délices de la France*, les con-

(1) Sous l'ancienne monarchie, on donnait le nom de grands prieurs de France aux princes de la famille royale qui tenaient du roi quelques grandes abbayes en bénéfice.—L.

fiseurs de Clermont sont les premiers, ceux de Paris, ceux de Verdun, réclament : c'est un procès à juger au dessert.

A chaque siècle les cartes s'amincissent, dit M. Monfranc au chevalier, qu'il semblait précéder dans sa tournée. Oui, lui répondit-il, et cela est si vrai qu'aux fabriques des CARTES DE THIERS, je l'ai entendu dire aussi à un fabricant chez qui j'étais entré. Toutefois, ajouta ce fabricant, je défie le siècle prochain de les amincir encore : car elles ne sont plus composées que d'une feuille de papier gris collée entre deux feuilles de papier blanc. Je voudrais bien voir, lui dis-je, comment avec ces papiers on fait des cartes. Monsieur, me répondit-il, on les ajuste, on les lisse, on les rogne. Il les ajusta, les lissa et les rogna devant moi. Ensuite, me dit-il, on leur donne les couleurs. Il les leur donna devant moi, au moyen de feuilles de cuivre qui laissaient passer le pinceau par des ouvertures découpées en cœurs, en trèfles, en piques, en carreaux (1). Les figures des rois, des dames et des valets, étaient en noir, et collées à la carte, où elles remplaçaient d'un côté le papier blanc. Il leur appliqua successivement chaque différente couleur, par le même procédé des planches grillées. Voilà un sizain prêt, me dit-il ; on ne le vend que quelques sous, et il y a telle carte qui fera gagner dix mille pistoles. Et qui par conséquent les fera perdre, lui dis-je. Monsieur, ajoutai-je, ce serait une

(1) Voir plus haut ce qui a été dit au sujet des cartes.

chose bien morale si, au lieu des inscriptions que vous mettez sur les cartes, vous y mettiez celles-ci : Cette carte enleva à une mère la dot de sa fille ! Cette carte enleva à un père tout le bien de ses enfants ! Cette carte fut la cause qu'un honnête homme se passa l'épée au travers le corps ! Cette carte occasionna le désespoir d'un jeune homme qui se précipita dans la rivière ! Monsieur, me répondit le cartier avec la logique d'un homme qui veut absolument vendre ses cartes, je ne vois pas que je sois obligé d'opérer mon malheur pour empêcher celui des autres ; si je ne fabriquais plus de cartes, je n'aurais plus qu'à aller me noyer ou me pendre : j'aime autant que les autres y aillent.

M. Monfranc, par politesse, répétait cette expression du chevalier, qu'on entendait la ville d'Aurillac avant de la voir. Oui, cela est vrai, Monsieur, lui dit le chevalier, et on pourrait l'appliquer à la province de Forez, d'où nous viennent les QUINCAILLERIES DE SAINT-ÉTIENNE, avec cette différence qu'on l'entend de plus loin, car elle fait plus de bruit.

Toutes les montagnes sont remplies de chutes d'eau qui mettent en mouvement de lourds marteaux de cinq ou six cents livres. Vous voyez, de tout côté, des usines, des forges, des ateliers, où l'on ne cesse de battre, de limer, de travailler le fer.

C'est de là que nous viennent les haches, les bêches, les hoyaux, les cisailles, les croissants ; ce n'est pas tout : les marteaux, les enclumes, les tenailles, les vrilles, les poinçons, les alènes ; ce n'est pas tout:

les serrures, les cadenas, les verrous, les fiches, les gonds, les pentures ; ce n'est pas tout : les boucles, les boutons, les anneaux, les chandeliers, les briquets, les cuillères, les fourchettes, les éperons, les brides, les étriers, les fusils, les pistolets, les dagues, les épées, enfin tous les objets de quincaillerie.

Qui dit ouvrage du Forez ne dit pas toujours bon ouvrage, mais dit toujours ouvrage à bon marché, à si bon marché, que souvent je n'avais pu comprendre comment on pouvait le donner à ce prix, jusqu'à ce que j'aie vu la merveilleuse rapidité avec laquelle on le finit presque aussitôt qu'on le commence.

D'après les questions qui venaient de lui être faites, le chevalier allait parler des BROCARTS DE LYON (1). Madame Monfranc était fort attentive, mais ses demoiselles l'étaient davantage ; elles avaient le cou tendu et s'étaient rapprochées du chevalier, qui leur dit : Mesdames, lorsque j'allai pour la première fois à Tours, je vous parle de bien des années, c'est-à-dire du temps où les fabriques de soie y étaient le plus florissantes, où il y avait quarante mille ouvriers, où elles faisaient entrer tous les ans dix millions dans la province, je ne pouvais assez admirer, assez témoigner mon admiration. Honneur à Jacques de Boulas ! m'écriai-je, honneur au père des plus belles fabri-

(1) On donnait le nom de brocarts aux étoffes dans lesquelles on mêlait des fils d'or, d'argent et d'argent doré. Au dix-septième siècle, Lyon employait chaque semaine deux cent mille livres pour l'achat de métaux précieux destinés à cette fabrication, soit dix millions quatre cent mille livres par année.—L.

ques! Un étranger, qui m'entendit, me tira à part et me dit : Gardez votre étonnement, vos magnifiques expressions, vos superlatifs, pour les fabriques de Lyon. Je continuai à m'extasier, à parler de même. Je croyais qu'il n'y avait, qu'il ne pouvait exister des fabriques de velours, de damas, supérieures à celles de Tours.

Que ce bon étranger avait raison, que je fus détrompé, lorsque je vis celles de Lyon, où l'on ne comptait pas moins de dix-huit mille métiers (1), lorsque je vis ces immenses magasins que viennent remplir de soie la France, l'Espagne, l'Italie, la Grèce et même la Chine; lorsque je vis ouvrer, filer, dévider tant de machines qui, chacune, remplacent tant de mains, tant de fuseaux; lorsque je vis filer l'argent à travers cent quarante filières d'acier, dont la première a l'ouverture si large que le doigt y passerait et dont la dernière ne laisserait point passer un cheveu; lorsque je vis ensuite ces fils d'argent, dorés ou non dorés, aplatis si ingénieusement, aller vêtir les fils de soie; lorsque je vis ces fils de soie ainsi vêtus et plaqués, passer dans les mains du tisserand en galons ou du tisserand en étoffes! C'est surtout dans les mains du tisserand en étoffes qu'ils brillent et qu'ils éclatent. Tantôt l'habile ouvrier tisse, sur un fond d'or, des fleurs, des ramages d'argent; tantôt sur un fond d'argent, il tisse des fleurs, des ramages d'or. Mais ne croyez pas qu'il prodigue ces métaux

(1) Dans les dernières années du règne de Louis XIV, ce nombre n'était plus que de quatre mille, par suite des désastres qu'avaient entraînés pour notre industrie la révocation de l'édit de Nantes et la concurrence que les exilés protestants faisaient aux fabriques indigènes.—L.

sans goût : il ne leur permet de paraître que là où l'œil les cherche et les applaudit, là où les nuances de la soie en sont rehaussées. Les nouveaux progrès du dessin, de la peinture et de la broderie, ont rendu les étoffes d'or, d'argent, les brocarts de Lyon, supérieurs à toutes les étoffes de ce genre qu'on fabrique dans les manufactures de Marseille (1), des autres villes de la France et de l'Europe ; les brocarts de Lyon, qu'on paye jusqu'à vingt louis d'or l'aune, sont devenus, dans toutes les cours, dans toutes les riches villes du monde, une parure générale, une parure sans laquelle on ne peut être paré.

Bientôt ce fut à M. Monfranc à être attentif. Le chevalier était passé dans la Franche-Comté. Il parla des FUSILS DE BESANÇON, et d'abord de la manière dont le canon était fabriqué. On prend, dit-il, une longue barre de fer plate que l'on fait rougir et que l'on courbe parallèlement sur une tringle d'acier que

(1) Je conserve dans mes cartons une partie de l'original du travail du régent avec le conseil de régence, apostillé de sa main. Sur la feuille du 26 novembre 1715, on lit : « Les sieurs Moulchi, Rousseau et Salomon... Ils furent chargés, par un arrêt du conseil, en 1707, de la régie de la manufacture royale des étoffes de soye, or, argent, établie, vingt-cinq ans auparavant, à Marseille, sous la conduite du sieur Fabre, auquel la communauté donnait huit mille francs chaque année pour l'utilité de cet establissement à l'Estat et au commerce, en ce que les étoffes qui s'y fabriquent, se débitant dans les Eschelles du Levant, elles y tiennent lieu de piastres, qu'il faudroit y envoyer..., ils sont obligés d'abandonner la manufacture, qui occupe quatre ou cinq cents personnes, et elle tombera... »

l'on soude longitudinalement à coups de marteau. Le canon est ensuite fermé à son extrémité la plus épaisse, ensuite foré du trou de la lumière, ensuite essayé. On le garnit ensuite du fût, ensuite de la batterie.

La fabrication et la trempe des diverses pièces de la batterie sont fort compliquées dans leurs nombreux détails.

Je vis aussi fabriquer des orgues, c'est-à-dire des fusils sextuples, décuples. Je m'étonne que les chasseurs ne songent pas à avoir des fusils doubles (1).

Cela est vrai, poursuivit le chevalier en répondant à M. Monfranc. Bien sûrement je ne suis pas sorti de la Franche-Comté sans avoir visité la manufacture de FER-BLANC DE CHENESAY, et, pour preuve, je vais vous en faire connaître successivement les procédés :

L'ouvrier plonge les feuilles de fer battu dans de l'eau forte ; et, lorsque la surface en est parfaitement nettoyée, il les plonge dans de l'étain fondu, et il les laisse refroidir peu à peu dans des étuves. Je me trouvai tout content de connaître un art de plus et un bel art. Ah ! me dis-je, que le ferblantier de notre ville vienne à son ordinaire me vendre ses ouvrages

(1) Le fusil décuple ou l'orgue, dont l'assassin Fieschi a fait un si sanglant usage au boulevard du Temple, était déjà connu à la fin du dix-septième siècle. Mais je ne vois point qu'avant le milieu du siècle suivant on connût le fusil à deux coups.

fort cher en me disant, comme on disait autrefois, qu'on ne fait pas de fer-blanc en France (1)!

Dans un de ces entr'actes de la conversation, ou, si l'on veut, dans une de ces petites pauses qui ont lieu lorsqu'on a fini de parler sur un sujet et qu'on va parler sur un autre, le chevalier dit à madame Monfranc et à ses demoiselles : Je ne sais trop, mesdames, si vous avez oublié de me demander ou si j'ai oublié de vous dire comment se fait la MOUTARDE DE DIJON. Dans tous les cas, le voici : Quand on arrive dans les environs de cette ville, on voit beaucoup de terres toutes couvertes de sénevé : c'est la graine de la moutarde. On la sème au printemps ; on la cueille en été ; quand elle est cueillie, on la vanne, on la purge ; et, quand on veut en faire usage, il ne s'agit plus que de la moudre et de la faire détremper avec du moût ou du vinaigre.

En France, le commerce de la moutarde est considérable. On dit qu'à Paris il n'y a pas moins de six cents moutardiers, tous roulant leur brouette. Ils doivent, d'après leurs statuts, être proprement habillés, et ils le sont. Je ne sais si d'après leurs statuts ils doivent aussi avoir dans leur salle d'assemblée

(1) Il fallait que les deux fabriques de fer-blanc établies par Colbert eussent péri vers le commencement du dix-huitième siècle, puisque le préambule des lettres patentes du 14 septembre 1720, relatives à la nouvelle fabrique de fer-blanc dans la haute Alsace, à Moisevaux, porte : « Et comme nous sommes informés qu'il ne se fabrique point de fer-blanc dans notre royaume, et qu'on le tire tout des pays étrangers... »

les portraits de leurs doyens, mais, ainsi que d'autres communautés d'artisans (1), ils les ont.

Et vous, Monsieur, continua le chevalier en s'adressant de nouveau à Monsieur Monfranc, je suis bien sûr que vous avez oublié de me demander si j'avais été visiter les chapelleries de Caudebec et de Rouen; je vous aurais répondu que j'y avais été. Écoutez-moi, je vous prie.

Je revenais de Dijon ; je passais par Mâcon. Les CHAPEAUX DE MACON ne sont pas très-renommés ; cependant j'entrai dans une chapellerie d'assez belle apparence. Le maître chapelier, grand parleur, et peut-être un peu désœuvré, ne demandait pas mieux que de montrer ce qu'il savait. Monsieur, me dit-il d'abord, vous voyez mes teintureries : eh bien ! il y a trente ans, elles m'auraient été presque inutiles.

(1) Je possède l'état des meubles meublants, effets et argenterie de confrairie, appartenant à la communauté des maîtres passementiers-boutonniers de la ville de Paris. La date en est du 4 août 1755. On y lit : « ... Cinquante chaises et un fauteuil... vingt morceaux, tant grands que petits, de grosse tapisserie, à fond bleu fleurdelisés, faisant le tour de ladite chambre de bureau... un petit établi de bois de chêne sur ses quatre piliers, et un tiroir de pareil bois, servant ledit établi à faire des chefs-d'œuvre... sept tableaux peints sur toile, représentant les doyens de ladite communauté dans leur cadre carré, de bois doré et sculpté... un autre tableau, peint sur toile, représentant saint Louis, patron de ladite confrairie de ladite communauté, dans son cadre de bois doré et sculpté : un autre tableau, peint sur toile, représentant Louis XV, avec ses attributs royaux, dans son cadre à filets de bois dorés... »

Les gens du commun ne portaient que des chapeaux de paille ou des chapeaux blancs. Il fallait avoir de la fortune pour porter un chapeau noir ; et encore dans le fond des provinces on appelle *chapeau noir* un homme qui a un certain rang et qui jouit d'une certaine fortune (1). Monsieur, me dit-il encore, vous voulez savoir comment à Mâcon nous faisons les chapeaux : c'est comme partout.

On prend d'abord de la laine fine cardée avec les mélanges qu'on veut y joindre, et on l'étend sur une claie. — Au moyen d'un instrument appelé arçon, de la forme d'un grand archet, on la fait voler ou sauter brin à brin ; on la distribue également en quatre parties ou capades, qui ont une forme triangulaire. — On foule, on feutre, une à une, ces capades ; on leur donne la consistance. — Ensuite on les feutre toutes ensemble, sur une plaque de fer, au-dessous de laquelle est du charbon allumé, et de ces quatre capades ou de ces quatre pièces triangulaires on n'en fait plus qu'une seule pièce, qui a la forme d'un capuche. — Le chapeau étant alors bâti, on le foule de nouveau, en le trempant de temps en temps dans de l'eau bouillante mêlée de lie de vin. — Au sortir de la fou-

(1) Dans les villes du Midi, avant la Révolution, chapeau noir s'employait comme synonyme d'homme riche ou aisé. On disait : Il y avait là tous les honnêtes gens, tous les chapeaux noirs. On peut voir dans les tableaux et les gravures du dix-septième siècle la forme successive des chapeaux ; on la voit très-distinctement, surtout aux tapisseries des Gobelins. On y voit le pot à beurre dont parle Scarron dans son *Roman comique*, le chapeau à une aile retroussée, le chapeau à deux ailes retroussées, et enfin le chapeau à trois ailes retroussées et à trois cornes.

lerie, le chapeau, qui n'est toujours encore qu'un capuche de feutre, est mis sur une forme de bois, où il reçoit la forme de chapeau. — On le fait sécher à l'étuve. — On lui donne, non, comme autrefois, un premier noir seulement, mais souvent un second, mais souvent même un troisième. — On l'apprête : j'entends qu'avec une brosse ou avec la main on fait pénétrer dans le feutre la colle, qui lui donne du corps et l'affermit. — On le redresse; on l'arrondit dans certaines parties ; on l'aplatit dans d'autres. — On lui donne le lustre, c'est-à-dire qu'on le lisse avec une brosse trempée dans de l'eau claire ; on lui met une coiffe de couleur.

Le chapeau est terminé, il s'agit maintenant de le ganser à trois cornes : vous entendez bien que je veux parler de cette nouvelle manière incommode, ridicule, qui d'abord a tant fait rire, qui maintenant ne fait plus rire. — Maître, on ne raisonne pas avec la mode ; passons, je vous en prie, à la fabrication des chapeaux fins, des chapeaux de loutre, des chapeaux de lièvre, des vigognes, demi-vigognes, des castors, demi-castors, des chapeaux de sept sortes. Mon chapelier était un peu embarrassé ; il m'avoua que dans le pays on ne connaissait que son genre de fabrique. J'ai été, lui dis-je alors en me rengorgeant peut-être un peu, dans les chapelleries de la Normandie; ce ne sont pas, comme vous savez, les moindres.

Pour fabriquer le castor pur, du reste j'aurais dû simplement dire le castor, car aujourd'hui les castors mélangés sont défendus, voici comment on s'y prend : D'abord on fait avec le poil du castor ce que vous faites avec la laine; mais avec quel soin sont exécutées toutes les opérations dont vous m'avez parlé ! quelle multiplicité de feutrages, de bains ! Quant à la teinture, elle se fait avec le bois d'Inde, la noix de galle, la couperose et le vert-de-gris.

A Caudebec, continuai-je, on feutre la laine d'agneau ou l'agnelin avec le poil de chameau et le duvet d'autruche : c'est une invention des fabricants de cette ville.

A Rouen, j'ai vu feutrer avec l'agnelin, le lièvre et la vigogne.

Ce qui surtout y est à examiner, c'est l'apprêt : là un ouvrier ne se sert que de la main pour coller les chapeaux ; et quant à sa colle, qui est toujours excellente, c'est son secret.

Autrefois vous ne pouviez faire des chapeaux au-dessus de cinquante francs ; depuis Colbert vous le pouvez.

Je quittai ce brave homme.

Entre les grands plaisirs de ma vie, je compte celui d'avoir enseigné un maître chapelier à faire des chapeaux.

Nous voyons quelquefois chez M. Monfranc une jeune personne de quinze à seize ans. Elle est jolie comme un ange ; mais elle ne se contente pas d'être jolie, elle veut être aimable. Pendant le séjour du chevalier à Nevers, elle vint à la maison, et à son tour elle fit une petite question. Elle voulut savoir comment on faisait les COUTEAUX DE MOULINS.

Mademoiselle, répondit le chevalier, le coutelier prend une petite barre d'acier ; il la chauffe, il la bat au marteau, de manière à l'amincir d'un côté; il la coupe à la longueur convenable. Il la perce à l'extrémité opposée à sa pointe, pour qu'elle puisse recevoir le clou qui doit l'attacher au manche ; il la met encore au feu; la barre devient ardente, plus ardente, rouge, cerise, rouge rose, enfin excessivement ardente, et elle passe à la couleur blanche. Si alors on la plongeait dans l'eau, c'est-à-dire si on lui donnait la trempe, l'effet serait d'en trop resserrer les pores; la lame serait trop vive, trop cassante : on prend le moment où elle est couleur de rose, ou mieux encore de cerise. — Les lames plus fines, ou lames en étoffe, sont composées d'une lame mince d'acier, enfermée entre deux lames minces de fer, qu'on recouvre de terre glaise, qu'on fait chauffer à un feu de charbon, qu'on unit, qu'on incorpore ensemble à force de les forger et de les battre. — Les opérations du chauffage et de la trempe se répètent plusieurs fois.— Enfin le coutelier redresse les lames avec un marteau, les aiguise sur la meule : elles sont prêtes.

C'est le même principe de procédés pour les lames des armes.

Quant aux manches des couteaux, il y en a de toute sorte, et chaque manche montre assez clairement comment et de quoi il est fait.

Mademoiselle, dit le chevalier, en répondant à une seconde question, les étrangers n'ont pas besoin d'aller chez les couteliers de Moulins : les couteliers viennent assez d'eux-mêmes leur offrir des couteaux dans les auberges. Quand j'eus fait à l'un d'eux une assez grande emplette, je lui dis : Monsieur le maître, donnez-moi votre avis sur le rang des diverses coutelleries de France. La coutellerie de Moulins, me répondit-il, est égale à celle de Thiers, de Cosne, de Châtellerault et de Langres, pour les couteaux, pour les rasoirs, et peut-être l'emporte-t-elle pour les ciseaux. Dans quelle partie, lui demandai-je, la coutellerie a-t-elle fait le plus de progrès? Je m'attendais qu'il me répondrait que c'était dans celle des ciseaux; point du tout, il me répondit : Dans celle des instruments de chirurgie. Je croyais qu'il entendait parler des instruments de chirurgie de Moulins ; point du tout, il entendait parler de ceux de Paris, et il me le dit. Coutellerie de Moulins ! J'ajouterai, moi. Franchise de Moulins !

Monsieur, dit encore cette jeune personne au chevalier, je ne vous demanderai pas si vous avez été visiter notre faïencerie; mais je vous demanderai si notre FAIENCE DE NEVERS mérite sa réputation.

Mademoiselle, lui répondit encore le chevalier, j'ai été très-content de la manière dont les faïenciers préparent la terre marneuse de la Croix-Neuve qu'ils emploient, très-content de la manière dont ils la pétrissent, l'épurent, très-content de la grandeur et de la forme des vases. J'ai assisté à la première cuisson ; j'ai aussi vu faire l'émail blanc avec de l'étain, du plomb, du sable et du salin; j'ai été de même très-content de ces opérations. Je ne l'ai pas été moins des peintures bleues, jaunes, des armoiries, des chiffres, des dessins qui sont peints sur cet émail et qui y sont fixés par la seconde cuisson. On ne travaille pas mieux à Rouen, dont la belle faïence violette tachetée est si connue. Vos faïenciers actuels sont de plus en plus dignes de leur ancien maître, Barthélemy Boursier.

❦

Un soir, M. Monfranc dit au chevalier que les perruquiers voient leurs pratiques de si près qu'ils les reconnaissent au bout de vingt ans. Ordinairement cela est vrai, lui répondit le chevalier, mais cela ne l'est pas toujours.

Je logeais à Paris, rue des Amandiers, chez Le Gland, maître perruquier-baigneur. Longues années après je le revis à Nemours, sur la porte de sa boutique, ayant son ancienne enseigne : PERRUQUES DE PARIS. Il ne me reconnut pas. Je lui en fis des reproches ; je lui dis que moi je l'avais reconnu tout de suite. Ce n'est pas étonnant, me répliqua-t-il, un magot comme moi reste toujours un homme très-distingué. En effet, il était chargé d'une énorme bosse par derrière ; de plus, il avait la jambe droite plus courte d'un bon pouce que la gauche ; mais s'il boitait du pied, il ne boitait pas de la langue, surtout quand il s'agissait de son art. Il me disait que son père avait vu, sous le règne de Louis XIII, des perruques, et qu'alors elles étaient seulement composées d'une calotte de taffetas à laquelle on attachait les cheveux un à un : le perruquier n'avait pas trouvé encore le moyen de les assembler par tresses ; il ne savait pas les rendre blonds en les exposant au serein, ni en adoucir la couleur ardente en les trempant dans le bismuth, ni leur donner du ressort en les faisant cuire dans de la pâte. Il ne savait ni les dégraisser, ni les brillanter ; et eût-il l'idée de cette élégante coiffure qui aujourd'hui couronne en dôme, ou plus exactement en pain de sucre fendu, le front de tous les honnêtes gens, il n'eût pu l'exécuter.

Monsieur Le Gland, ajoutai-je en riant, vous me disiez autrefois qu'on ne faisait des perruques qu'à Paris ; qu'il valait mieux les y payer jusqu'à trente pistoles à M. Binet, perruquier des perruques du roi, ou à M. Pascal, perruquier des perruques de bon air, que de donner trente sous de celles qu'on fait en province. Cela est vrai, me répondit-il, mais Fontainebleau est un faubourg de Paris, et Nemours un faubourg de Fontainebleau : qui dit perruque de Nemours dit perruque de Paris. Je fis semblant de me payer de cette monnaie de barbier.

Monsieur Le Gland, lui dis-je encore, autrefois vous me répétiez souvent que Paris fournissait des perruques à toute l'Europe ; que vous étiez obligé de faire venir des cheveux de la Suède, du Danemarck, de la Russie, de la Pologne, de l'Allemagne, de la Flandre. En faites-vous toujours venir? Non, me répondit-il, je me suis aperçu qu'il n'y avait que les cheveux français qui allassent bien aux visages français. Et comment faites-vous, lui dis-je, pour vous en procurer? Oh ! me répondit-il, rien n'est plus aisé. Je vais dans les grands villages du Gatinais ou de la Brie ; j'annonce que je suis marchand coupeur de cheveux ; je fais sonner quelques écus dans le fond de ma poche : aussitôt toutes les pauvres jeunes filles sont à tondre.

La petite péronnelle aux beaux seize ans fit encore une question : ce fut sur la RELIURE DE PARIS. Monsieur le chevalier, quoique jeune demoiselle, j'ai voulu voir imprimer, mais je n'ai pas vu relier. Il nous arrive de Paris de jolies petites Imitations, maroquin rouge ; de jolis petits Eucologes, maroquin bleu ; de jolis petits Cantiques, veau brun. Monsieur, apprenez-moi, je vous prie, comment on relie. — Mademoiselle, puisque vous avez vu imprimer, vous avez vu retirer de la presse les feuilles imprimées. Ces feuilles sont étendues, séchées ; ensuite, au moyen de la signature ou lettre suivie de chiffres ordinaux, mise au bas de la première page de chaque feuillet elles sont pliées ; elles sont ensuite rassemblées au moyen de la réclame ou mot mis au bas de la dernière page de chaque feuille, qui est le même que celui qui commence la feuille suivante. Elles sont battues avec un large marteau ; elles sont cousues une à une aux ficelles tendues à un petit cadre de bois appelé cousoir. Le livre est formé ; il est détaché du cousoir par des coups de ciseaux donnés aux ficelles ; il est rogné à plat sur les tranches, c'est-à-dire sur le haut et sur le bas des pages, en creux sur la gouttière, c'est-à-dire à l'opposite du dos, et passé en couleur sur ces trois côtés. Il ne manque plus qu'à le couvrir. Pour cela, on y ajuste les couvertures de carton qu'on y attache par ses nerfs, ou plutôt par ses ficelles, qui ont deux, trois pouces de longueur, qui sont passées dans les trous des cartons ou plat du livre, dont ensuite on forme le dos en le serrant entre deux ais et en l'arrondissant, en faisant saillir les nerfs par espaces égaux. Enfin le livre est recouvert de basane, de veau ou de maroquin.

Mais, continua le chevalier, voulez-vous votre livre

doré? Oui, sans doute. Le relieur le prend, le met entre deux petites planches et le serre fortement; il en ratisse légèrement les tranches et la gouttière, qu'il enduit d'abord d'une couche de sanguine et de bol d'Arménie, ensuite d'une couche de blanc d'œuf sur laquelle il applique une feuille d'or qu'il fixe, qu'il laisse sécher, qu'il lisse et qu'il brunit. S'il dore la couverture, il emploie la colle, le blanc d'œuf, et applique sur la feuille d'or des fers chauds qui impriment les ornements. — Monsieur le chevalier, où sont les meilleurs relieurs? — A Paris : leurs belles et propres reliures brunes, noirâtres, se sont propagées dans toute l'Europe, qui suit aussi la mode de Paris pour l'habillement des livres.

Monsieur, dit madame Monfranc au chevalier, il y bien du plaisir à voir faire la PORCELAINE DE SAINT-CLOUD avec cette pâte de poudre de coquille brisée et de gomme dont on parle tant. Madame, lui répondit le chevalier, à Saint-Cloud et sans doute partout on fait la porcelaine avec une terre sablonneuse, qu'on pétrit, qu'on épure, qu'on travaille, qu'on cuit comme la poterie de terre. — Quoi! il n'y a pas d'autre sorcellerie? — Pas d'autre.

Allons nous promener, dit un jour le chevalier, je vous parlerai de l'ORFÉVRERIE DE RHEIMS, et je vous ferai, à la promenade, l'histoire de M. Lacoste, riche orfévre de cette ville. La famille Monfranc sortit d'après cette invitation. Quand nous fûmes à mi-côte, à un point de vue qui domine sur la Loire, le chevalier reprit ainsi :

M. Lacoste alla dans sa jeunesse à Paris pour y terminer son apprentissage ; et, comme il maniait avec une égale habileté le crayon, le marteau et le ciseau, il fut admis chez Balin et chez Delaunay, qu'il n'appelait pas des orfévres, mais bien des sculpteurs en argent et en or. Il avait travaillé avec eux à ces beaux meubles d'orfévrerie qui ornaient les maisons royales : à ces grandes balustrades d'argent, à ces grandes tables d'argent, à ces grands bancs d'argent, que l'ambassadeur de Siam avait de la peine à soulever ; à ces grands chandeliers d'argent hauts de huit ou neuf pieds, à ces grands bassins d'argent de dix ou douze pieds de tour ; à ces grands cadres de miroir en or massif, pesant jusqu'à quinze ou vingt livres. Mais quand il vit, dans des temps de détresse, fondre à la monnaie ces chefs-d'œuvre qui avaient été dessinés par Le Brun, qui avaient coûté dix millions et qui n'en rendirent pas trois, il quitta Paris (1). Ce

(1) En 1689 et 1690, Louis XIV, à bout de ressources, envoya à la Monnaie un nombre considérable de pièces d'orfévrerie. Ce n'étaient point seulement, comme dans les siècles antérieurs, des vases, des hanaps, des aiguières, des flambeaux, qui formaient le mobilier de la couronne, c'étaient, comme le dit Monteil, des meubles complets en argent massif, tels que guéridons, tables, fauteuils, tabourets, pots à fleurs, caisses d'orangers, balustrades de lit ; deux de ces balustrades pesaient ensemble sept mille cent quatre-vingt cinq marcs neuf onces.

Outre les meubles, il existait encore à Versailles une quantité considérable de statuettes et de bas-reliefs en vermeil et en argent ciselé. Malgré la beauté du travail, tous ces objets furent fondus, ainsi que les toilettes de toutes les dames de la cour, y compris celle de la dauphine.

que je regrettai le plus, me disait-il un jour, ce ne furent pas les profits de mon état, ce fut de ne pouvoir plus espérer de devenir garde-juré. Tous les orfévres de Paris (1), nous vivons dans l'espoir de le devenir, d'être revêtus de la robe à manches de velours, enfin d'avoir l'honneur de porter un des glorieux bâtons du dais aux solennelles entrées des rois. Toute

Louis XIV ne respecta même pas la statue équestre de son père.—Voir l'Inventaire conservé à l'hôtel des archives de Paris, sous le numéro K. 362, et Dangeau, édit. Didot, p. 333-334.—L.

(1) Les orfévres, l'un des corps de métier les plus riches et les plus influents de la capitale, étaient très-nombreux dans la section du pont Neuf et de l'île Notre-Dame. En 1700, on en comptait trente-six sur le quai qui porte leur nom, treize dans la rue du Harlay, douze sur la place Dauphine, six sur le quai de l'Horloge, trois rue de Lamoignon, un cour du Palais.

Un recensement général du mobilier de la bourgeoisie parisienne, fait en 1700, nous montre quelle était à cette date la richesse des bourgeois de Paris. Ce recensement constate qu'on trouvait chez les simples particuliers, outre la vaisselle plate, des soufflets, des grils, des sonnettes, des écritoires en argent, de petits ménages en argent à l'usage des jeunes filles, des tentures en tapisserie à fleurs d'or et d'argent, des garnitures de cheminée à crépines d'or, des guéridons et des fauteuils d'ébène massif à pieds en argent massif ou doré, des chaises de velours à galons d'or, des bureaux en bois de violette et en bois d'olivier, des bibliothèques ornées d'incrustations d'ivoire ou d'écaille. Nous n'avons pas besoin de rappeler que la menuiserie de luxe, l'ébénisterie et la marqueterie avaient atteint, au dix-septième siècle, un degré de perfection qu'elles n'ont jamais dépassé. Ce que Benvenuto avait fait au moment de la Renaissance pour la ciselure et l'orfévrerie, ce qu'avait fait Palissy pour la faïence modelée et peinte, Boule le fit sous Louis XIV pour l'ébénisterie; il créa dans cette branche la marqueterie de métaux sur écaille. Ses meubles se répandirent par toute l'Europe, et ils sont restés classiques comme les œuvres des écrivains du dix-septième siècle.—L.

notre vie nous voyons ce glorieux bâton, et en mourant nous le voyons encore.

On s'aperçut que le chevalier aimait avec un plaisir particulier à parler des arts de son pays ; le bon académicien n'eut garde d'oublier dans ses questions la SELLERIE DE NANCY. Le chevalier lui répondit en s'adressant toujours à lui :

Je vous ai dit, Monsieur, que je demeure à Nancy. Lorsque, l'année passée, j'y arrivai après une longue absence, quel plaisir de retrouver mon appartement, ma chambre, mon feu, mon bonnet, ma robe de chambre, mon fauteuil, mon lit ! Au moment où je descendis de voiture, plusieurs voisins vinrent me faire leurs félicitations. Anselme, sellier, fut un des plus empressés. Anselme, dès qu'une voiture s'arrête à la poste aux chevaux, va aussitôt en faire le tour, et sa sollicitude pour les voyageurs ne tarde pas à découvrir quelque réparation urgente, dont il se charge volontiers. Je remarquai que par habitude Anselme faisait le tour de ma chaise de poste. Mon ami, lui criai-je, c'est inutile, tu vois bien que j'arrive.

La sellerie de Nancy est, comme vous dites, fort connue (1), et ce n'est pas sans raison : les selliers y

(1) Les selliers de cette ville ont toujours passé pour fort habiles ; ils ont été en concurrence avec les selliers des régiments. Nancy, par sa position, a toujours été une ville de garnison de cavalerie.

sont fort habiles. Anselme, qui ne le cède en adresse ni en intelligence à aucun d'eux, est, je ne sais comment, un des plus pauvres. Bien qu'il ait fait mettre hardiment en grosses lettres sur son enseigne : ANSELME, SELLIER-CARROSSIER, il n'a, je crois, jamais fait à Nancy, de carrosse, de phaéton ou de cabriolet; mais ce titre le flatte, et comme il a été dragon et qu'il est mauvais railleur, personne à cet égard ne le querelle.

Quelques jours après mon arrivée, je passai devant sa boutique et le surpris cousant un bât d'âne. Je me mis avec une intention marquée à regarder l'enseigne. Monsieur, me dit Anselme un peu décontenancé dans cette ville il faut faire un peu de tout pour vivre Mon ami, lui répondis-je en riant, va, sois tranquille ! je te garderai le secret. Et pour le réjouir un peu, je vantai l'utilité et l'excellence de son art. Alors Anselme, tout glorieux, étala ses diverses connaissances, rappela son voyage à Versailles, où il n'avait voulu voir ni le château, ni les jardins, ni les eaux, mais seulement les remises des voitures, la sellerie : Monsieur, me dit-il, j'examinai longtemps et avec attention les superbes voitures de velours, de glaces, d'or et de nacre ; j'examinai plus longtemps et avec plus d'attention les grandes salles toutes lambrissées, toutes entourées de rangées des plus belles selles à la française, à l'anglaise, de selles brodées, de housses les plus riches, de brides d'or, d'argent et de vermeil. Anselme ne finissait pas ; il ne pouvait finir. Mon ami, lui dis-je en lui frappant sur l'épaule, c'est beau, très-beau, mais que tout cela ne t'empêche point de te remettre à ton bât.

J'ai, continua le chevalier, un frère marié à Pont-à-Mousson ; je vais tous les ans passer chez lui quelques mois de l'année ; c'est pour moi un temps d'étude et de retraite, où j'aime à être seul ; il n'y a que deux personnes qui aient chez moi les entrées libres : c'est mon frère et La Tulipe (1).

La Tulipe est un ancien anspessade (2) de mon régiment ; il s'est marié en Flandre, et en est revenu dans la Lorraine avec une petite pension militaire, une femme, une assez nombreuse famille et le talent de faire de fort bonne BIÈRE DE PONT-A-MOUSSON.

Une après-midi de l'été dernier, il vint me porter six bouteilles de celle qu'il venait de faire. Mon capitaine, ce sont, dit-il, les premières tirées de la futaille ; elle moussera ou La Tulipe est un poltron. La Tulipe, lui dis-je, tu t'enrichis à faire de la bière (3), je veux aussi m'enrichir et avoir comme toi une petite brasserie : dis-moi un peu comment s'y prendre. Mon capitaine, me répondit-il, vous aurez ou du froment ou du seigle ; vous y joindrez un peu d'avoine ; vous y mêlerez un quart d'orge hâtive, germée et ensuite sé-

(1) Dans les armées de Louis XIV, et jusqu'à la Révolution, les soldats prenaient tous un sobriquet, et n'étaient pas même portés sous leur vrai nom sur les contrôles.—L.

(2) Anspessade, on lancepessade, soldats qui sous l'ancienne monarchie aidaient les caporaux, et les remplaçaient en cas d'absence ou de maladie ; ils avaient la haute paye.—L.

(3) La bière était fort répandue au moyen âge sous le nom de *cervoise*. Le nombre considérable d'ordonnances et de statuts de métiers relatifs à la brasserie qui se rencontrent sous les rois de la troisième race prouve qu'il s'en faisait une très-grande consommation. En 1369, le nombre des brasseurs de Paris était de vingt et un. — L.

chée. Vous ferez moudre ces grains, vous en jetterez la farine dans une futaille, vous y verserez de l'eau chaude, ensuite de l'eau froide. Si vous voulez la rendre vineuse, vous y mettrez quelques bottes de fleurs de houblon. Vous y jetterez aussi quelques poignées de sucre et d'aromates si vous voulez l'adoucir et la parfumer. Lorsque cette mixtion aura fermenté quatre ou cinq jours, vous la ferez cuire dans des chaudières de cuivre où vous la ferez brasser avec des râteaux de bois; voilà tout. Il ne vous restera plus qu'à l'entonner, et pendant quelques jours à lui laisser jeter l'écume par le bondon. Mais, tu ne m'enseignes pas, lui dis-je, à faire de petite, de forte bière, de la bière blanche, de la bière rouge, de la bière de mars. Ces différentes sortes de bière, me répondit-il, dépendent du plus ou moins de temps du brassage ou de la cuisson; et quant à la bière de mars, on l'appelle ainsi, parce que le mois de mars est le plus propice à la fabrication; toutefois, vous vous doutez bien que pendant les onze autres mois nous brassons de la bière, mais c'est toujours de la bière de mars. Allons, lui dis-je, me voilà aussi savant que toi; nous serons ici deux qui feront de la bière. Oh! mon capitaine, me répondit-il, vous ne saurez pas le plus fin et le meilleur du métier. Quoi! lui dis-je, est-ce que tu jetterais dans la bière un chien écorché pour la rendre d'une qualité supérieure? Mon capitaine, me répondit-il, pour faire de la bière supérieure, il n'y a d'autre chien écorché que l'habitude de la fabrication, c'est-à-dire l'expérience. En ce cas, lui répliquai-je en lui touchant dans la main, voilà qui est fait, je deviens ton associé. Silvestre! criai-je au sommelier de mon frère, je viens de conclure un excellent marché avec La Tulipe ; le pot-de-vin est vingt bouteilles de mon champagne rouge.

J'ai aussi une sœur mariée dans un château des Vosges, dit encore le chevalier. Un jour que j'avais été la voir, je la priai de me procurer l'occasion de parler à un de ses vitriers. Cassez, de grâce, un carreau. Oh ! me répondit-elle, nous en avons bien assez de cassés. Rampin, vitrier du château, fut appelé dans la même journée. Tout en répondant à mes questions sur le VERRE DES VOSGES, il tailla les carreaux avec son diamant, les ajusta, les fixa au châssis par quelques légères pointes de fer, en colla les quatre côtés avec quatre bandes de papier, opéra avec propreté, fit et finit son ouvrage en quelques minutes. Maître Rampin, combien vous est-il dû ? lui demanda ma sœur. Madame, vos carreaux sont de six pouces ; c'est la moitié du pied carré : c'est huit sous chacun. Le pied carré de verre commun vaut sept sous et demi, et celui de verre blanc quinze sous ; ajoutez le posage : cette mode de grands carreaux coûte fort cher. Les vieux maîtres disent que dans leur jeunesse les plus grands carreaux n'étaient que de deux pouces, et qu'ils avaient vu faire les premiers châssis de bois pour des verres de cette dimension. Les gens riches veulent tous de grands carreaux. Ils ont raison, répondis-je, il faut convenir qu'autrefois on était bien sot d'ombrager les vitres d'un bel appartement par une vilaine grille de plomb losangée. Monsieur, me répondit Rampin, nous savions alors que faire des petits morceaux de verre, tandis qu'au jourd'hui, pour les mettre à profit, il ne nous reste guère que nos lanternes des rues, toutes en petits carreaux assemblés avec du plomb comme les lanternes de Paris.

Rampin me parla ensuite tant que je voulus :

Du verre de bouteille ou de la manière de faire les bouteilles. — Le verrier fait fondre, par la chaleur de son four, la frite, la matière du verre, y plonge sa felle ou tuyau de fer, l'aspire comme un enfant aspire l'eau de savon avec un chalumeau, retire sa felle, souffle dedans, et en fait sortir un grand globe de verre qu'il porte suspendu au bout de sa felle sur une pierre conique, l'y appuie, l'y enfonce, et, par ce moyen, forme le creux du cul de la bouteille. Il rétrécit à l'extrémité opposée le globe et forme le cou de la bouteille, dont il orne le gouleau d'un anneau de même matière. La bouteille est terminée ;

Du verre de vitre en plat, que le verrier fait en soufflant le verre de sa felle sur une dalle de marbre ;

Du verre en table. — Le verrier roule sur une plaque de fer le verre sorti de sa felle, avec lequel il forme un cylindre qu'il fend longitudinalement, qu'il porte au four où ce cylindre s'ouvre à la chaleur du feu comme une mince feuille de papier.

Rampin avait été à la manufacture de cristaux d'Orléans. Il nous parla de ses beaux cristaux, les uns blancs, les autres colorés, qu'on travaille en bossage, en relief, et pour la fabrication exclusive desquels Bernard Perrot, écuyer, a obtenu un brevet ou privilége de quinze ou vingt ans.

Il avait été aussi à La Fère ; il avait vu faire les glaces d'après le nouveau procédé, qui consiste à verser la frite en fusion sur une table de métal bordée de deux règles de fer de la même épaisseur que celle qu'on veut donner à la glace, et de promener, avant que la frite soit refroidie, sur ces règles un lourd rouleau de fer qui applanit la frite ou verre de la glace, et la force à se distribuer également dans toutes les parties. Ce procédé est dû à Thevard.

Enfin, après avoir demeuré une semaine chez M. Monfranc, le chevalier partit un jour de grand matin, laissant pour les différentes personnes de la maison, suivant leur sexe, leur âge, leurs goûts, sous l'étiquette d'échantillons de plusieurs manufactures, des soieries, des dentelles, des bijoux. Ce généreux chevalier, qui parcourt la France pour apprendre les arts, n'a pas besoin d'apprendre celui de donner : personne ne le connaît mieux que lui.

DIX-HUITIÈME SIÈCLE

LA

DÉCADE DES ARTS MÉCANIQUES

DIX-HUITIÈME SIÈCLE

LA

DÉCADE DES ARTS MÉCANIQUES

ARGUMENT

L'histoire de l'industrie au dix-huitième siècle, telle que Monteil nous la donne ici, est placée dans un cadre nouveau L'auteur suppose que le fils du notaire Bernard, réquisitionné pour les armées de la République, a été fait prisonnier et conduit en Russie. Le jeune soldat utilise les loisirs forcés que lui fait la captivité en étudiant les industries du pays; il signale aux habitants les nombreuses lacunes de ces industries naissantes, et leur indique ce qui se fait en France.

Durant la période qui s'étend de la mort de Louis XIV à 1792, c'est-à-dire jusqu'au moment où les maîtrises et les jurandes sont abolies, les choses en ce qui touche la législation industrielle se passent exactement comme au dix-septième siècle. Lorsque le Trésor a besoin d'argent, il met en vente des lettres de maîtrise; il crée sur les ports, les halles et les marchés des offices parfaitement inutiles, tels que ceux de contrôleurs aux empilements de bois, d'essayeurs de beurre salé, de rouleurs de tonneaux, et par les droits qu'il attache à ces offices, et qui sont le profit des titulaires, il grève de surtaxes onéreuses la production et la consommation. Lorsqu'un nouveau procédé est mis en circulation, les corps de métiers s'ameutent contre lui, et quelquefois même il est proscrit par le gouvernement; lorsqu'une nouvelle manufacture s'établit, elle est soumise à des règlements toujours minutieux et souvent absurdes, quoique rédigés en conseil du roi, et sous la présidence de Sa Majesté.

Malgré les obstacles qui arrêtaient leur essor, l'industrie et les arts industriels sous les deux derniers rois de la dynastie capétienne produisent des œuvres remarquables. Les architectes Soufflot, Gabriel et Louis construisent le Panthéon, l'École militaire et les deux colonnades de la place de la Concorde. L'intérieur des appartements se décore de glaces, de plafonds ornés de rosaces ou de dessins. Les sculpteurs en bâtiments, Pinault, Romié, Robillon, ornent les façades de statuettes et de bas-reliefs. Les tapisseries des Gobelins reproduisent les tableaux ou les dessins des maîtres du temps, Colin de Vermont, Detroy, Coypel, Carle Vanloo, Boucher. Les orfèvres Ballin, Germain et Benier soutiennent la vieille réputation de l'école parisienne. Les soieries de Tours et de Lyon, les toiles peintes, que la marquise de Pompadour mit à la mode, figurent chez tous les peuples de l'Europe dans les toilettes élégantes (1).

(1) Voici les chiffres auxquels s'élevaient approximativement, vers le milieu du dix-huitième siècle, le produit de quelques-unes de nos fabrications es plus importantes :

Sucre raffiné	30 000 000 livres
Savons de Marseille	18 000 000
Toiles ordinaires	200 000 000
Draps	100 000 000
Bonneterie de fil et de coton	14 000 000
— de laine	25 000 000
Chapellerie	20 000 000
Soieries	120 000 000

Ces divers articles pouvaient rivaliser comme qualité avec les meilleurs produits des manufactures étrangères; et pour les objets de luxe nous avions alors, comme toujours, une incontestable supériorité sur toutes les fabriques de l'Europe.

Depuis Vauban, qui développa, en 1707, dans la dîme royale, un nouveau système d'impôts destiné à alléger les charges qui pesaient sur la production et la consommation, jusqu'à Turgot, qui proclama la liberté des métiers, toutes les théories économiques de notre temps sont formulées par les publicistes du dix-huitième siècle, et les états généraux s'en inspirent directement. Pour la première fois, depuis l'invention de l'imprimerie, la grande Encyclopédie de d'Alembert et de Diderot résume, dans un travail d'ensemble, les procédés technologiques et les met à la portée de tous, et, comme le dit justement M. de Lavergne (1), « il importe surtout de rendre justice aux temps écoulés de 1774 à 1789; il s'en faut de beaucoup que ces quinze années aient été stériles, soit pour l'application des idées qui devaient triompher en 1789, soit pour l'accroissement de la richesse publique. »

Lavoisier inventait la chimie, Buffon publiait les Époques de la Nature, Haüy fondait la minéralogie, Lagrange écrivait la Mécanique analytique, Jussieu perfectionnait la botanique, Francklin étonnait la France par ses belles expériences sur l'électricité; Chappe, empruntant au physicien Amanton ses idées sur la transmission instantanée des signes graphiques à longues distances, étudiait la construction des télégraphes; Papin, au début même du siècle, avait fait fonctionner la vapeur, et si notre fortune industrielle est si grande aujourd'hui, c'est que nos ancêtres du dix-huitième siècle nous en ont transmis les premiers capitaux scientifiques.—L.

(1) *Économie rurale de la France*, 1861, pag. 2-3.

M. L'AVOCAT BERNARD

Un soir M. l'avocat Bernard, à qui son jeune fils donnait des raisons d'audience, prit dans un mouvement de colère la montre qu'il venait de lui acheter, et la brisa contre un pavé. Le lendemain, le fils la rajusta sans instrument.

Ce jeune artisan-né fut enlevé par la réquisition militaire aux cahiers et aux livres de droit qu'il détestait, et, jeté dans un des bataillons de l'armée d'Italie, il donna une nouvelle forme aux bâts de mulet, les rendit plus légers, plus solides. Il leur donna aussi un nouveau nom, celui de bâts révolutionnaires. En récompense, on le fit passer dans l'administration. Malheureusement notre armée, un jour, eut du pire ; les bagages, quoique portés sur les nouveaux bâts révolutionnaires, ne purent aller assez vite : ils furent pris, et M. Bernard, emballé dedans, se trouva transporté, sans coup férir, tout au milieu de la Russie.

Au commencement, il ne fut pas trop bien traité; mais bientôt l'empereur Paul (1) s'étant pris d'amitié pour

(1) Paul Ier, empereur de Russie, né en 1754, mort en 1801. Il fit un voyage en France, en 1776, et fut proclamé czar en 1796. Après être entré dans la seconde coalition contre la France, il fit alliance avec le premier consul, et se montra l'un de ses plus grands admirateurs.—L.

Bonaparte, les Russes, surtout les grands seigneurs russes, propriétaires de presque toutes les nouvelles fabriques, se prirent aussi d'amitié pour M. Bernard; et il courait, à ce qu'il assure, tout aussi librement dans la Russie que dans le Gevaudan. Il est venu ici aujourd'hui. Vous allez maintenant l'entendre lui-même conter ses aventures; j'omets les préambules.

Cette Russie, nous a-t-il dit, a une face bien bizarre. Dans les villes et les environs des villes, les arts ont civilisé les hommes et la terre; plus loin, le pays n'est qu'à demi civilisé; plus loin encore, il est entièrement sauvage. N'avez-vous pas vu, dans les ateliers des peintres, de grands tableaux dont certaines parties sont terminées? les objets y ont toutes leurs formes, toutes leurs couleurs; dans d'autres parties, ils sont indiqués par de légers traits; dans d'autres on ne voit encore que la toile : ainsi de la Russie,

Les arts, a ajouté M. Bernard, assujettis comme les fluides aux lois de l'équilibre, se mettent partout en expansion. Les arts de la Russie, encore en trop petit nombre, ne peuvent remplir les vides de ses immenses régions; aussi les arts étrangers, qui l'entourent, y entrent-ils bon gré mal gré les prohibitions. J'y ai reconnu souvent les arts des Français, les arts des Anglais, surtout les arts des Allemands (1).

(1) Cette appréciation de la civilisation russe est fort exacte. Malgré les efforts de Nicolas Ier et d'Alexandre II, la Russie, en 1857, malgré son immense étendue, qui est de 5,186 kilomètres du nord au sud, et de 15,375 kilomètres de l'ouest à l'est, et ses 66 millions d'habitants, ne donne, pour le produit total de son industrie, que 2,600,000,000, tandis que la France, avec une population de 38 millions, donne 4,500,000,000 pour le produit des arts et métiers considérés comme industries individuelles, et 4,000,000,000 pour les usines et les manufactures

LES OUVRIERS EN TERRE.

Un jour d'été, je me promenais d'assez grand matin, le long du Dniester, le Borystène des anciens, qui ressemble beaucoup, dans cette partie de son cours, à notre Lot. Quand je fus à un détour que fait ce fleuve pour aller du levant au couchant, je me crus dans le vallon de Saint-Laurent *en bonne terre*, car l'une des rives était bordée aussi de belles prairies comme celles de Saint-Laurent, et l'autre rive offrait une agréable colline, au-dessus de laquelle était bâti aussi, comme sur la colline de Saint-Laurent, un château. Il y avait encore, comme à Saint-Laurent, un petit hameau à droite de la colline et un autre petit hameau à gauche.

A l'extrémité de ce dernier hameau, je trouvai plusieurs maçons qui bâtissaient une pauvre maison d'herbe et de boue, à peu près comme les castors bâtissent leurs demeures. Je les abordai ; ils m'avouèrent qu'il y avait dans le pays assez de pierre pour bâtir, mais que l'usage était de gâcher. Il vaudrait mieux piser, leur répondis-je ; et je leur enseignai ce que c'était que piser. Le propriétaire survint ; je le persuadai. Malheureusement sa maison était à peu près terminée, et nous ne pûmes faire l'expérience de ma méthode que sur la porcherie.

Ce jour-là nous préparâmes les instruments ; le

considérées comme industries collectives. Il va sans dire que production agricole n'est point comprise dans ces chiffres.—L.

lendemain nous élevâmes en pierre et en mortier un mur d'enceinte de deux pieds de haut. Nous portâmes par-dessus de la terre grasse que nous tassâmes avec une grosse masse carrée, entre deux planches assujetties au mur par des claies ou traverses. Quand à force de tasser, cette terre fût devenue comme une longue pierre de la dimension du mur, nous changeâmes le moule ou les deux planches. Nous portâmes, nous tassâmes successivement de nouvelle terre sur tout le pourtour du mur d'enceinte. Sur cette première assise nous en mîmes, nous en tassâmes une autre de la même manière ; sur cette autre, une autre et une autre, jusqu'à la hauteur convenable. Ensuite nous posâmes la charpente, la couverture.

C'était assez, il me semble ; j'aurais pu prendre congé de ces bonnes gens, continuer mon chemin ; mais leur admiration était si sincère, si grande, que je voulus l'augmenter.

Quand les murs du pisé furent secs, j'en fis piquer la surface avec la pointe d'un marteau ; je les fis revêtir, au balai, d'un enduit de chaux et de sable, que je fis lisser, et j'y peignis à fresque, avec de la suie et du jus d'herbe, une riche colonnade.

Aussitôt le hameau de la droite de la colline et le hameau de la gauche accoururent, le seigneur à la tête. Longtemps ils demeurèrent tout frappés d'admiration, fixes, arrêtés sur leurs pieds, les bras ouverts, la tête levée vers le ciel. Enfin le seigneur se tourne vers moi, me prend amicalement la main, et me fait cent questions auxquelles je répondis : Monsieur, le noble art du pisé nous vient des Romains ; il s'était conservé dans le Lyonnais ; il a été aujourd'hui mis en vogue par Cointereaux l'architecte. Si vous voulez bâtir un château, il faut s'y prendre comme pour une porcherie. Quant à la solidité, Cointereaux l'architecte garantit ses constructions pour cinq cents ans; et si, comme par le passé, les ours et les loups veulent, aux mauvais hivers, percer vos murailles, soyez sûr que, contre le pisé de Cointereaux l'architecte, ils perdront leur temps et leurs griffes.

Monsieur, ajoutai-je, vous pouriez encore, si vous vouliez, faire couvrir votre château d'une seule pièce : il n'y a qu'à poser une charpente revêtue de planches, un mortier de chaux, de tuileau et de mâchefer, dont l'épaisseur diminue de plus en plus vers le faîte, à abattre la charpente lorsque le mortier est sec, à peindre en couleur ce mortier, ou plutôt cette couverture, d'ailleurs susceptible de toute sorte de formes, de toute sorte de sculptures.

Monsieur, ajoutai-je encore, dans le cas où cette couverture ne vous conviendrait pas, en voici une autre. Vous avez, m'a-t-on dit, parmi vos paysans, un potier de terre. S'il sait faire des pots, il saura faire des tuiles, il saura les vernir. Commandez-lui d'en faire de deux ou trois pieds en carré, qui s'agencent par des crochets, des tenons ou des feuillures. Commandez-lui de les vernir. Vous en couvrirez votre château, et vous pourrez même alors décorer de vos armoiries la toiture aussi bien que la façade.

Il me fit de nouvelles questions ; je répondis encore à toutes.

Nous n'avons pas en France, nous devrions avoir de ces toitures, qui, par leurs couleurs vives et éclatantes, donneraient à nos bâtiments un aspect si nouveau.

Nous avons un grand nombre de poteries ; une

des meilleures et des plus belles est celle de Schneider de Sarreguemines ; elle soutient bien le passage du chaud au froid, fait feu au briquet, et, par sa pâte mélangée de terre de diverses couleurs, imite le porphyre et le granit.

Je ne vous dirai pas quelle est, pour la bonne poterie, la proportion de l'argile et du sablon ; elle ne peut être déterminée que par les essais faits sur les lieux.

Le meilleur des vernis métalliques n'est que le moins mauvais. Les potiers de notre province de Bretagne y ont renoncé. Ils se contentent de jeter dans le four, quand il est très-chaud, quelques poignées de sel marin, qui se volatilise, et va former à la superficie de toutes les pièces de poterie, rangées tout autour, un vernis fort solide et fort sain.

Ce bon gentilhomme russe ne pouvait me quitter. Enfin il me prit sous le bras et m'emmena chez lui.

Le château de plusieurs seigneurs de ce pays n'est guère plus grand que les maisons de nos jardiniers de Vincennes, et la chère qu'on y fait n'est pas à beaucoup près aussi bonne ; mais il ne faut pas être plus difficile que le ciel, qui se contente de l'intention. Le noble russe me donna ce qu'il avait de meilleur, et me servit sur sa plus belle vaisselle.

C'était une faïence française, épaisse, lourde, armoriée. Mon hôte me demanda si sa faïence était à la dernière mode. Les Gevaudanais ne mentent jamais. Je lui répondis qu'elle était du temps de la régence. La faïence à la mode, lui dis-je, est de deux sortes : l'une, blanche comme votre lait, peinte de fleurs fraîches comme celles de vos prairies ; l'autre, mince comme du carton, ornée de légères sculptures, de légers filets de couleur, vient d'être imitée des Anglais, qui, depuis longues années, l'avaient imitée des Hollandais. L'une est composée d'argile fine, lavée, purifiée, et couverte d'un émail blanc fait avec du plomb, de l'étain, du verre calcinés. L'autre est composée aussi d'argile fine, blanche, sassée, lavée et mélangée avec un cinquième de poudre de caillou calcinée, broyée au moulin, vernie en jaune, et plus ordinairement couverte, comme la poterie de Bretagne, par la simple volatilisation du sel marin. C'est sur cette plate faïence qu'on est parvenu à transporter des estampes, des vers imprimés, de la musique, et à les y fixer par la colle, le vernis et la cuisson ; en sorte que, lorsque vous avez mangé ce qui est sur votre assiette, vous y voyez ou les Tuileries, ou Saint-James, ou le palais d'hiver de Saint-Pétersbourg ; et, lorsque vous avez bien bu, vous chantez, si vous voulez, une ariette l'assiette à la main.

J'avais déjà salué trois fois mon hôte. Je m'en allais ; j'étais sur la porte. Il revint en courant ; il tenait sa pipe. Puisque rien ne peut vous retenir plus longtemps, me dit-il, vous m'enseignerez du moins comment vous faites les pipes. Très-volontiers, lui répondis-je. On prend de l'argile la plus fine ; on la bat sur une table avec une barre de fer ; on la pétrit; on en fait de petits rouleaux de la mesure des pipes. On les perce dans toute leur longueur avec une broche de fer huilée : c'est le tuyau ; on en élargit un des bouts : c'est le fourneau où l'on met le tabac et le feu. On les laisse sécher ; on leur donne une légère cuisson dans le four. On les en retire ; on peut s'en servir. Français, me dit mon hôte, je vous donne ma pipe ; j'en aurai une autre et mille autres quand je voudrai : je sais les faire.

LES OUVRIERS EN PLATRE.

Quand j'eus pris congé de ce bon seigneur russe et que je me fus remis en marche, je me souvins que je ne lui avais rien dit de l'art de faire des plafonds, qu'il désirait connaître. Je lui écrivis la lettre suivante: « Monsieur, lorsque vous aurez fait votre beau château en pisé, il conviendra d'en orner le dedans de plafonds, non en planches, comme les anciens plafonds de France, dans lesquels vous auriez entendu, pendant les silences de la conversation, des troupeaux de rats suspendus au-dessus de votre tête, mais en plâtre à la nouvelle mode. Il ne s'agira que d'attacher aux solives des lattes, à deux doigts de distance l'une de l'autre, d'en remplir les interstices avec du mortier gras mêlé de foin, de les revêtir d'une couche de plâtre bien lissée, que vous ferez ensuite peindre à la colle ou au lait. Point de vieilles grandes corniches, de vieilles grandes sculptures, mais seulement de légères moulures, de légères baguettes, de légers ornements, et quand vous voudrez des modèles de ce qui se fait de mieux en France, vous étudierez les deux plafonds de Boucher, dont je vous envoie les dessins. J'ai l'honneur d'être... etc. »

LES OUVRIERS EN PIERRE.

Il y a en Russie, a continué M. Bernard, trois

sortes de chemins : en terre battue, comme partout ; des chemins en pierre, comme dans tous les pays civilisés, des chemins en bois, comme en Pologne.

Je voyageais un jour sur un de ces chemins en bois. J'avais faim ; j'étais exténué de fatigue. Tout à coup j'entends des chevaux derrière moi. Je me retourne; je vois une caravane de vingt ou trente Tartares, parmi lesquels je ne pouvais trouver une seule figure chrétienne à qui demander le secours de quelques aliments. A la fin j'en distinguai une dans les derniers rangs qui me déplut moins : c'était un juif, mais c'était le maître. Je lui parlai russe, mauvais russe sans doute, il ne me comprit pas. Je lui parlai latin, il me comprit moins encore. J'essayai le français, il me comprit et me répondit parfaitement. Il me donna quelques fruits secs, un peu de sucre, un peu d'eau-de-vie ; mes jambes me revinrent, et je pus le suivre.

Que diriez-vous que je porte sur mes trente chevaux? me demanda-t-il. Peut-être bien, lui répondis-je, de riches marchandises de l'Orient. Je porte, me dit-il, de la pierre. Je crus qu'il se moquait de moi. Soulevez, me dit-il, les couvertures. Je les soulevai : c'était véritablement de la pierre de diverses qualités, analogue à notre pierre calcaire d'Arcueil, de Château-Landon, de Tonnerre, de Loches, à nos grès de Fontainebleau, à nos granits de Cherbourg, à nos basaltes d'Auvergne; elle était toute taillée. J'ai, me dit-il, dans mes ateliers, une petite troupe de vos Français. — Ce ne sont pas des émigrés ? — Oui. — Ils doivent parler de Genouillac, de Montagnac. — C'est cela ! cela même ! s'écria-t-il en inclinant la tête vivement et à plusieurs reprises. Vous êtes sans doute de leur province? — A peu près ; mais, continuai-je, il doit y avoir un chasse-avant pour la surveillance? — Il y en a un. — Des gâcheurs pour faire le mortier? — Il y en a. — Des oiseaux pour le porter, des louveurs pour percer les pierres, des bardeurs pour les porter, des hallebardiers pour les poser? — Il y en a, il y en a, me répondit-il à chacune de mes questions. Toutefois, il faut convenir, ajouta-t-il, que la division du travail, indispensable aux progrès des arts, a bien de la peine à s'établir dans la Russie. — Avez-vous un bon appareilleur? C'est l'âme de l'atelier. — Vous pouvez, si vous voulez, le voir. Il est dans ce moment parmi les gens de l'équipage. Aussitôt je courus, j'examinai un à un tous ces Tartares en turban et en fourrures : je ne voyais aucun Limousin. Je m'avisai de demander en patois du Gevaudan s'il n'y avait point parmi eux l'appareilleur. A ces mots, un de ces Tartares se met à rire aux éclats. Je reconnais mon Limousin. Nous nous embrassons. Il me montre ses épures, ses modèles de pierre à tailler. Vous n'en avez pas, lui dis-je, pour les nouvelles fenêtres gothiques de Paris? Oh! me répondit-il, cette vieille mode, ressuscitée depuis quelques années par le mauvais goût, ne peut vivre. Il avait raison ; quand je rentrai en France, elle ne vivait plus.

Pave-t-on ici, lui dis-je, les étangs, les pièces d'eau? — Non. On se contente d'en battre l'encaissement, et ensuite de l'enduire de terre glaise. — Une bonne couche de gravier et de chaux, ou tel autre bon mélange, conviendrait mieux. — Les mélanges, notamment le béton, ne sont ici guère en usage. — Par conséquent, la pierre fondue ne l'est guère non plus ? — Non plus. C'est qu'il n'est pas très-facile de broyer en grand la pierre, le caillou calciné, le mâchefer, le sable, les débris ; de les tamiser, de les pétrir, de les jeter dans les moules graissés de lard, d'observer exactement les rigoureuses proportions d'une manipulation aussi minutieuse ; c'est qu'il est ensuite très-difficile de faire le ciment pour joindre ensemble les diverses pièces de pierre fondue. Toutefois, continua-t-il, on connaît ici le blocage ; véritablement rien de plus aisé que de passer du sable à la claie, de le mélanger avec de la chaux, de jeter dans ce ciment de petites pierres, des cailloux brisés, des morceaux de mâchefer. Le blocage, dont on construit assez souvent les murs des cabinets ou des pavillons des jardins, fait surtout bien dans les soubassements.

Parlons d'autre chose, lui dis-je ; combien gagnez-vous ? Au jour présent, en France, l'appareilleur a six francs par jour ; le tailleur de pierre, cinq francs ; le maçon, quatre. Ici, me répondit-il, nous ne gagnons pas tant, à beaucoup près, mais les vivres sont à si bon marché qu'au bout de la semaine il nous reste plus d'argent qu'en France.

Et, continua-t-il, voulez-vous savoir quels sont ceux qui nous font ici le plus travailler, qui nous payent le mieux ? Je vais vous le dire. Vous vous souvenez sans doute d'avoir lu, dans les petites affiches de Paris : Principauté de... en Gallicie, ville de... en Pologne, avec tous ses revenus, honneurs, titres et droits de souveraineté, à vendre. Eh bien ! ce sont de petits souverains russes ou polonais-russes qui vendent tout leur royaume et tous leurs sujets, pour faire bâtir de beaux châteaux en pierre, dans des pays où il n'y a que du bois. Leur argent tombe dans la poche de notre maître, dans la nôtre. On trouve d'ailleurs ici tout ce qu'il faut à un Limousin : du porc, des raves et du travail.

LES OUVRIERS EN MARBRE.

A la vérité, continua l'appareilleur, nous sommes au milieu des juifs. Ils nous viennent de la Pologne, où il y en a plus d'un million. Notre maître l'est, et il n'en est pas moins un excellent homme. Je suis sur le point d'entreprendre la fourniture du marbre des châteaux. Il veut m'aider de sa bourse et de son crédit. Je ne puis que réussir. Les marbres ne me coûteront que le transport. J'en ai vu plus ou moins loin, de toutes les qualités. Je m'y connais, car je suis marbrier. Un Limousin marbrier ! lui dis-je. Oui ! oui ! me répondit-il, je suis marbrier. En travaillant la pierre, j'ai appris à travailler le marbre, de même qu'un habile orfévre, qui était mon voisin, a appris à travailler l'or en travaillant le cuivre. Aujourd'hui, en France, l'industrie est libre. On ne vous demande plus à quel titre vous savez, tout le monde a la permission de savoir. Dans plusieurs grandes villes, et notamment à Paris, je faisais, en marbre, des cheminées, des dessus de commodes, des dessus de secrétaires, des chiffonnières, des déjeuners, des fontaines, des tables, des vases, des urnes, des monuments funèbres. Ah ! combien d'anciens monuments féodaux ou nobiliaires, renversés par la révolution, n'ai-je pas retaillés, pour en faire les jolis, les petits élégants mausolées qui couvrent si légèrement les morts d'aujourd'hui ! J'avais gagné beaucoup d'argent, mon associé me l'enleva. La réquisition militaire m'enleva moi-même. J'ai été fait prisonnier, et, comme un grand nombre de mes camarades, je me suis trouvé fort heureux d'avoir été maçon.

Je voulus alors lui enseigner à faire des reliefs, en dessinant sur le plat du marbre des ornements, en les couvrant d'un vernis, en faisant manger ou creuser le reste du plat par un acide. Je connaissais cette invention, me répondit-il, elle a plus de soixante ans, elle ne donne qu'une sculpture plate et peu agréable.

Teignez-vous, peignez-vous vos marbres ? lui demandai-je. Non, me répondit-il, pas plus que mon cheval, car je sais ce qu'il en arriverait à la première pluie.

LES OUVRIERS EN SABLE.

Nous nous séparâmes, ce bon Limousin et moi, mais non sans nous être, comme on dit, donné plusieurs poignées de main. A la dernière, il y mit deux roubles, que la détresse me força de ne pas laisser tomber. Je voulus le remercier, il me quitta brusquement, en me criant que je ne tarderais pas à être joint par une autre caravane qui portait du sable.

Une heure après, j'en aperçus la tête. Ah ! dis-je à un des conducteurs, la pierre, comme de raison, va suivre. Cet homme, en me répondant, se fâcha. Il me dit fièrement qu'il portait du sable à faire du verre, qu'il était verrier, qu'il était de la Bohême. Je le félicitai d'être d'un pays où l'on fait de fort bon et de fort beau verre, dont nous, Français, achetions autrefois beaucoup, dont nous n'achetons guère aujourd'hui, parce que le nôtre ne pouvait être ni plus uni ni plus net. Il contesta. Je lui répondis que, si cela lui faisait plaisir, je dirais plus de mal que lui de notre ancien verre, ou bleuâtre, ou verdâtre, tout rempli de pailles ou de souflures, mais que, maintenant, dans l'art d'épurer le sable et de blanchir la soude, le nitre, la chaux de plomb, nous n'avions rien à apprendre d'aucune autre nation, pas même des Anglais, car nous faisons le flint-glass comme nous faisons le verre de Bohême.

Nos glaces du faubourg Saint-Antoine, beaucoup plus nettes, beaucoup plus pures qu'autrefois, sont aussi beaucoup plus grandes : elles ont jusqu'à quatorze pieds de hauteur ; et si nous les cassons, nous avons pour les rajuster Pajot (1) qui les remet au feu, les soude, les unit et vous les rend plus belles que lorsqu'elles étaient neuves.

Je lui parlai ensuite de la manufacture du mont Cenis. Quand vous voyez, lui dis-je, dans les boutiques de Pétersbourg ou de Moscou des cristaux blancs, limpides, parfaits, façonnés au tour, taillés à facettes, gravés à la flamme soufflée, c'est-à-dire par la lampe de l'émailleur, ornés de fleurs colorées, enrichis de filets, de cercles, de charnières d'or, bril-

(1) Dans le chapitre relatif au dix-septième siècle, Monteil nomme un assez grand nombre de fabricants et d'industriels en réputation de leur temps, et tout à fait inconnus aujourd'hui, et sur lesquels il serait très-difficile d'obtenir des renseignements biographiques. Nous ne donnons de notes que sur ceux qui ont laissé un nom et une trace toujours reconnaissable dans les progrès de notre industrie.—L.

ler, sous la forme de gobelets, de tasses, de vases, de boîtes, de bonbonnières, soyez sûr que c'est de la manufacture du mont Cenis ; soyez sûr qu'avec votre permission et celle de bien d'autres, cette manufacture n'est pas dans les Alpes, qu'elle est française, qu'elle est dans la Bourgogne, qu'elle appartient et doit sa création aux frères Chagot, nom connu de tous ceux qui achètent huit ou dix sous un magnifique verre de trois ou quatre francs il y a seulement quelques années.

Nous avons aussi, ajoutai-je, un genre de verrerie ou plutôt de poterie vitrifiée, devenu encore à meilleur marché : c'est la porcelaine. A Paris, pour quatre sous, vous achetez une tasse ; pour le même prix, une soucoupe; et pour le double, un sucrier. Maintenant, depuis la suppression de l'absurde privilége exclusif de la manufacture de Sèvres, un petit bourgeois, s'il le veut, peut se faire servir en plats et en assiettes de porcelaine. Et cependant, parce que nous faisons à bon marché, nous ne faisons pas moins bien, car nos voisins, autrefois nos maîtres, ne sont pas même aujourd'hui nos rivaux. La porcelaine de Saxe, ainsi que celle de tous les autres pays, cède à la nôtre. Sans doute, pour la faire on peut trouver ailleurs, comme dans le Limousin, du kaolin, que Vilaris découvrit, il y a quarante ans, à Saint-Yriex, et, pour la couvrir, du pétunsée, qu'on a, par un second heureux hasard, découvert encore dans les environs. Aussi, est-ce moins par la matière que par les formes, les ornements, les peintures, surtout par l'éclat des couleurs que nous sommes supérieurs aux autres. Vers le milieu du siècle, Taunay trouva le moyen de fixer les plus beaux rouges sur la porcelaine. Depuis, nous avons laissé dans la Chine la porcelaine de la Chine, et maintenant que Brongniart (1) a fixé le vert du chrôme, et que Dihl a donné à toutes ces diverses couleurs l'éclat des plus beaux émaux, on ne laisse plus en France la porcelaine de France.

LES OUVRIERS EN SALPÊTRE.

Je rencontrai encore sur ce grand chemin, qui est très-fréquenté, et un vrai chemin aux rencontres, une autre espèce de caravane. Nous entrâmes en conversation, le conducteur et moi. Il me dit qu'il portait du salpêtre et il me demanda d'où nous tirions le nôtre. Nous le faisons, lui répondis-je; en France nous sommes tous salpêtriers. Dès que la patrie fut déclarée en danger, tous, petits et grands, nous nous mîmes à fouiller les caves, les celliers, les églises, les cimetières abandonnés ; nous en transportâmes les terres dans des baquets ; nous les fîmes tremper dans de l'eau ; nous fîmes bouillir cette eau dans des chaudières ; nous la fîmes réduire et encore réduire ; nous la fîmes évaporer, cristalliser dans des vaisseaux en beau et brillant salpêtre. Enfin, nous fîmes tant et si

(1) Alexandre Brongniart, fils de l'architecte de ce nom, auquel on doit la Bourse de Paris, né en 1770, directeur de la manufacture de Sèvres en 1800, mort en 1847. Comme directeur de Sèvres, Brongniart a rendu de grands services ; il a fait revivre la peinture sur verre, fondé le musée céramique, et perfectionné les émaux, dont on ne s'occupait plus depuis longues années.—L.

bien que, pendant la guerre, nous fabriquions trente mille livres de poudre par jour au seul moulin de Grenelle, et qu'à la paix continentale nous en avions assez en magasin pour livrer cinquante batailles, à quatre millions de cartouches par bataille, ce qui, suivant les gens de l'art, est fort raisonnable.

LES OUVRIERS EN FER.

Mes chers amis, a continué M. Bernard en s'adressant à nous, qui a vu les fonderies et les forges de l'Allemagne et de la France a vu de grands enfers; qui a vu celles d'Angleterre a vu de plus grands enfers. Quand j'étais en Russie, on m'assura que celles de la province de Perm l'emportaient. Je me trouvais à l'occident de ce vaste empire, il fallait aller à l'orient : bon! quand il s'agit de voir une nouvelle usine, que sont quatre, cinq cents lieues? Je me mis en marche, j'arrivai. Je ne vis rien que ce que j'avais vu ailleurs. Mais ne pas témoigner son étonnement devant ces hauts fourneaux de vingt-cinq pieds d'élévation, bâtis sur les modèles de ceux du minéralogiste Rambourg, chauffés, non avec du charbon de bois qu'on proscrit aujourd'hui, chauffés au contraire avec du charbon de terre qu'on proscrivait autrefois, enflammés, non par des soufflets, mais par des pistons ou pompes à air; devant ces rivières de métal en fusion, ces lourds marteau, qui retentissent à plusieurs lieues, ces lourds cylindres, qui amincissent en larges rubans d'épaisses barres de fer, ces immenses emporte-pièces, ces immenses cisailles qui les découpent ; ne pas admirer, ne pas faire éclater son admiration, était, et non sans quelque risque, insulter ces vastes et imposants ateliers, habitués à des tributs de louanges et d'exclamations de tous ceux que la curiosité y amène ! Je me hâtai de me retirer.

De même que dans nos pays d'étoffes, nous parlons volontiers laine, filature, tissage, de même dans ces pays de mine on parle volontiers métal, fonte, fabrication. J'étais entré dans l'auberge d'une grande fonderie ; j'avais dîné, j'étais assoupi sur la digestion d'un méchant brouet, lorsque je fus presque réveillé en sursaut. Deux chefs d'atelier, assis à la table voisine, disputaient, en buvant leur bouteille d'eau miellée, avec autant de feu que s'ils avaient bu une bouteille de vin nouveau. L'un était Français et Normand, à en juger par son accent nasal ; l'autre était Anglais, mais de la Normandie ou de la Gascogne d'Angleterre, à en juger par la finesse de son esprit ; cependant le Normand et moi lui en donnâmes à garder. La dispute était sur la supériorité industrielle des deux nations. J'encourageais des yeux et des gestes le Normand, qui, s'apercevant que j'étais Français, dit à son adversaire : Prenons, si vous voulez, pour juge ce bon Russe qui est derrière vous. A chaque moment, je faisais semblant de ne pas bien entendre le français, et je me faisais expliquer par le rusé Normand les expressions les plus usuelles ; après quoi, avec l'air chattemite du juge Rominagrobis de La Fontaine, je disais à chaque décision : Anglais bon, Français plus bon.

Il fut d'abord question des ponts de fer. Le Normand se hâta de dire qu'à la vérité il n'y en avait pas encore en France, mais qu'à Paris on était sur le point de construire celui du Louvre, que le fer en était pour ainsi dire au feu.

Ensuite, il fut question des armes : l'Anglais dit qu'à Birmingham il se fabriquait dix mille canons de fusil par mois. Le Normand répondit qu'à Paris, en l'an II, on en fabriquait jusqu'à vingt mille.

Ensuite de la serrurerie. Le Normand, sans donner à son adversaire le temps de parler, lui jeta pour ainsi dire au nez les serrures sonnantes de Facque, qui sonnent une clochette quand on veut les ouvrir avec de fausses clefs ; les serrures prévotales de Duval, qui prennent la main du voleur ; celles de Merlin, qui prennent la main du voleur et tirent un coup de pistolet pour avertir qu'il est pris ; et, ce qui valait mieux, toute la nouvelle serrurerie de Georget : ses serrures à glace, à diamants, ses serrures à fausses entrées, à entrées masquées, ses serrures secrètes, dont on peut laisser la clef dessus ; et, ce qui valait mieux encore, toute la serrurerie du pays d'Eu, en Picardie, qui occupe deux mille ouvriers et fournit à très-bon marché de très-bon ouvrage. Il lui nomma aussi Chopitel, serrurier, inventeur d'un laminoir qui façonne les tranches des pièces laminées, et qui donne le moyen de fabriquer des fenêtres de fer toutes prêtes à recevoir le verre. Il lui nomma encore Bernard et Canlère, qui avaient enfin trouvé un vernis contre la rouille.

On passa à la coutellerie ; on en parla assez longtemps, sans que la victoire demeurât incontestablement à nos couteaux de Langres, à nos ciseaux de Moulins. L'Anglais connaissait notre expression, faire la barbe. Et les rasoirs ? dit-il ; convenez que pour les rasoirs nos couteliers feraient la barbe aux vôtres. Ce n'est plus vrai, lui répondit le Normand, depuis que Treppoz a importé en France la fabrication orientale et que nous faisons à Paris des rasoirs de Damas.

Mais, repartit l'Anglais, avec quel acier ont-ils été fabriqués ? L'acier français, s'il existe, n'est guère connu. Aujourd'hui n'est pas autrefois, lui répondit le Normand ; aujourd'hui que le nombre de nos fonderies a si considérablement augmenté, il n'est guère possible que, sur les six cent mille quintaux de fer fabriqués en France, nous ne fassions beaucoup d'acier naturel ; il n'est pas possible qu'avec de bon fer toujours égal nous n'ayons de bon acier toujours égal ; il n'est pas non plus possible qu'avec nos connaissances chimiques nous ne sachions bien cémenter le fer, en faire de bon acier au moyen du charbon pulvérisé, de la suie, des cendres, du sel marin ; que nous ne sachions bien le fondre au moyen de l'argile et de la chaux. Je me crois sûr que votre meilleur acier n'est pas meilleur que celui de notre Clouet, fondu au creuset par stratification de marbre et de craie, et je ne sais même s'il est aussi bon ; je pourrais vous dire aussi que l'aciérie de Gosselin, fabricant à Souppes, donne des cylindres d'une forme parfaite, d'un acier parfait.

L'Anglais reprit avec un imperturbable sang-froid : J'ai eu, moi qui vous parle, la bonté de croire que vous ne savez pas plus faire les faux que les limes, les limes que les scies.

La faux, la faucille, dit le Normand, ne sont qu'une grand couteau à foin, qu'un grand couteau à blé ; la fabrication en est, plus en grand, la même. Il n'y a de difficulté qu'à bien unir dans toutes les parties l'acier au fer, à donner une trempe égale à toute la longueur du tranchant. Vous me dites que jamais vous n'avez vu de faux françaises. Je le crois bien. La fabrique de Dilling, en Lorraine, la vaste fabrique de Toulouse, qu'avec tant d'habileté et de dépense élève aujourd'hui Garrigous, sont encore obligées de marquer de la marque allemande leurs faux pour tromper l'obstination de nos villageois, habitués depuis tant de siècles aux faux d'Allemagne, qui ne pourraient se servir des meilleures faux françaises, s'ils les savaient françaises.

Quant aux limes, la fabrication en est aussi aisée. Je prends une barre d'acier ; je la polis ou avec la lime ou avec la meule. Je lui imprime un mouvement sous un ciseau fixe qui l'incise, la taille ; lorsqu'elle est incisée, taillée des deux côtés, je la mets sur le feu ; elle rougit, et je la trempe dans une dissolution de corne, de suie, de sel marin ; j'ai fait une lime. Et si je me sers de l'ingénieuse machine de Durand, je taille à la fois huit barres d'acier ; je fais à la fois huit limes. Vous avez beau faire, et beau rire, je ne doute pas que les limes d'Amboise, du bonhomme Du Clusel, même que celles de nos paysans des environs de Versailles, vaillent les vôtres ! Que si elles portent la marque anglaise, c'est que nos artisans sont encore, à cet égard, aussi villageois que nos moissonneurs et nos faucheurs.

Quant aux scies, ajouta le Normand, nous les laminons, nous les trempons, nous les dentons aussi bien en France qu'en Angleterre. L'inventeur des scies sans fin, notre Albert, sera bientôt le grand Albert.

De qui tenez-vous, je vous prie, demanda l'Anglais, l'art de vernir la tôle?

Ici, lui répondit le Normand, les Russes font un grand nombre de leurs toits en feuilles de fer vernies; je ne sais trop si l'idée n'a pas été portée de Russie en Angleterre; je conviens toutefois qu'elle a été portée d'Angleterre en France. Mais venez, osez mettre vos plus beaux ouvrages à côté du Parisien Demarne qui, avec sa tôle et ses couleurs, fait des vases de granit, de porphyre, de marbre, de porcelaine, décorés de toute sorte d'ornements, de peintures, et vous verrez si vous ne serez pas obligé de remporter vite les vôtres. Fort bien! fort bien! repartit l'Anglais; mais, vous-même, osez lever cette triple barrière de douaniers qui borde votre France. Oui, lui répondit le Normand, nous oserons la lever quand nous voudrons : car nos coutelleries de Langres, de Châtellerault, de Moulins, de Saint-Étienne, de Thiers, suffiront pour nous défendre contre les produits des vôtres. Jamais vos flottes marchandes n'oseront approcher d'un pays où l'on entend crier : A deux liards les couteaux! A un sou les fourchettes! A deux liards! A un sou!

LES OUVRIERS EN CUIVRE.

Passons au cuivre, dit l'Anglais, — Au cuivre soit, lui répondit le Normand. — A la petite horlogerie. — A la petite horlogerie. — Et ensuite à la grande. — Et ensuite à la grande. L'Anglais parla tant qu'il voulut. Le Normand eût son tour. Puisque vous connaissez si bien l'horlogerie et les célèbres horlogers, vous auriez dû nommer notre Thiout, qui, le premier, a fait sonner les montres à répétition en pressant un bouton de la boîte ;

Notre Julien Leroy (1), qui, le premier, a rendu visible le travail des montres sans les démonter, qui a changé la position des pièces et les a simplifiées, qui a imaginé les potences, qui a fixé l'huile autour des pivots, qui a combiné les divers métaux de manière à prévenir les effets de leur dilatation ou de leur resserrement, qui, enfin, le premier, a fait marquer aux montres le temps vrai ;

Notre Lépine, qui a imaginé des montres sans chaîne et des montres à répétition, ou, comme on dit plus brièvement, des répétitions à roulette ;

Notre Bréguet (2), dont les garde-temps sont d'une précision mathématique, dont le balancier à parachute, dont l'échappement double, méritent d'être mentionnés dans l'histoire de l'art.

Vous ne pouvez contester que l'horlogerie de Paris, pour les savants et les marins de tous les pays,

(1) Julien Leroy, né à Tours en 1686, horloger du roi en 1739, mort en 1759, savant distingué et très-éminent artiste. Son fils Pierre, né en 1717, mort en 1785, apporta de grands perfectionnements aux montres marines. La famille Leroy occupe encore aujourd'hui l'un des premiers rangs dans l'horlogerie française.—L.

(2) Bréguet, horloger-mécanicien, membre de l'Académie des sciences et du Bureau des longitudes, né en 1747, mort en 1823. On lui doit, en outre des perfectionnements très-importants qu'il a introduits dans l'horlogerie, l'invention d'instruments de marine, de physique et d'astronomie, qui ont notablement secondé le progrès des sciences.—L.

soit la première du monde. Je ne pense pas que celle de Versailles, que celles de Besançon, de Saint-Claude, de Ferney, puissent la valoir à beaucoup près, mais il en sort des montres du plus bas prix, même de douze francs ; ces fabriques sont d'ailleurs en concurrence avec celle de Genève pour fournir les trois cent mille montres neuves qu'il faut tous les ans à la France.

C'est dans la grande horlogerie surtout que Paris est supérieur à Londres. Julien Leroy est l'inventeur du mécanisme horizontal des horloges. Ce Leroy, fils d'un autre Leroy, fameux horloger comme l'autre, a laissé une descendance toute royale qui sans doute continuera à régner.

On sait que Lepaute (1), constructeur de l'horloge de l'Hôtel-de-Ville de Paris, la plus grande qu'on ait vue, qui va pendant qu'on la monte, a laissé aussi la succession de ses talents à ses fils, qui ont perfectionné les pendules astronomiques.

Il en est de même de Ferdinand Berthoud ; ses fils ont agrandi le nom de leur père, si célèbre par ses pendules marines.

Il en est de même de Robin. On va admirer dans l'atelier de ses fils leur montre à treize cadrans qui marquent la différente heure de différentes villes du monde.

Janvier, qui s'est fait connaître par sa pendule à équation, se fera encore bien plus connaître par ses nouveaux mécanismes des sphères célestes.

(1) Jules-Baptiste Lepaute, mort en 1802. Son frère, Jean-André, né en 1707, mort en 1789, construisit au palais du Luxembourg la première horloge horizontale que l'on ait vue à Paris. On lui doit un traité d'horlogerie.—L.

Si maintenant nous en venons à nos cartels de Paris, dont les mouvements se fabriquent à Dieppe, c'est là que les merveilles augmentent. Dans cette nouvelle branche de l'art, l'horlogerie de Paris a appris la sculpture, la dorure. Elle a représenté en stuc, en marbre, enrichis d'ornements d'or, les différentes scènes de la vie, avec leurs personnages toujours naturellement, toujours gracieusement posés. Elle a appris la dioptrique, la musique; et elle a prouvé qu'elle les avait bien apprises; ses pendules de nuit projettent sur le mur l'image lumineuse d'un cadran marquant l'heure. D'autres de ses pendules font entendre des concerts de piano et de flûte. J'ai toujours voulu du mal à Bofenchen de ne pas mettre son nom sur de si beaux ouvrages.

L'Anglais ne savait plus que garder le silence, et, par son attitude, il prenait visiblement condamnation; il me semblait que le Normand, tout triomphant, me disait en me regardant : Je l'ai étourdi, je vais maintenant l'éblouir.

Effectivement il alluma, si je puis parler ainsi, nos trente-six mille nouvelles lampes :

La lampe à pompe, de Chénier. — La lampe à double courant d'air, d'Argant. — La lampe à tube de verre, de Quinquet et Lange. — La lampe à cuire les aliments, de Quinquet. — La lampe à air inflammable, de Furstemberg, de Gabriel ou de Lebon, ou de je ne sais qui, jusqu'à tant qu'on nous fasse connaître au juste l'inventeur. — La lampe dite docimastique, de Bertin, qui porte aussi le nom de fontaine de feu, et qui devrait plutôt porter celui de lampe éolipyle, comme plus propre à en faire connaître le jeu. — La lampe hydrostatique, des frères Girard, qui tient toujours l'huile au niveau de la mèche. — La lampe à réveil, de Mounouri, qui, après avoir consumé une certaine mesure d'huile, brûle un fil auquel est attaché le ressort d'une sonnerie qui vous réveille. — La lampe de fer blanc, de tôle. — La lampe à colonne, à vase, à lyre, à cariatides. — La lampe à peintures, à dorures. — La lampe à moire métallique, d'Allard.

Aujourd'hui, dit le Normand à l'Anglais, les lampistes comme les horlogers de Paris envoient leurs inimitables ouvrages dans tout l'univers.

Voulez-vous, continua le Normand, parler des plus petits ouvrages de cuivre? Jecker fond et nous fondons les têtes d'épingle. — Voulez-vous parler des plus gros? Si vous avez abandonné l'ancien moulage de l'artillerie, si vous forez aujourd'hui les canons, aujourd'hui nous les forons aussi. — Vous avez de belles fabriques de cuivre pour le doublage des vaisseaux; nous en avons qui ne sont pas moins belles. — Vous vous passez des fils de laiton de l'étranger; nous nous en passons aussi depuis que Boucher de L'aigle, avec la blende, nous fait du laiton et du fil de laiton. — Vous filez, vous tissez le cuivre; nous le filons, nous le tissons. Vos gazes métalliques sont belles, soit; les nôtres ne le sont pas moins. Je ne puis cependant pas vous dire si notre Maderpascher de Dôle a implanté en France cette nouvelle branche de l'art. — Quant aux bronzes, personne jamais ne les a moulés, façonnés, sculptés, ciselés, limés, brillantés, comme nos Parisiens, comme notre Thomire; personne jamais ne les a peints, vernis, dorés, surdorés, comme nos Parisiens, comme notre Ravrio.

LES OUVRIERS EN PLOMB.

Messieurs les Anglais, ajouta le Normand, si vous laminez le cuivre, nous le laminons aussi, et nous laminons de même le plomb.

J'aurais trop d'avantage à vous parler de nos fondeurs, les Gando, les Didot ; de leurs beaux caractères d'imprimerie, faits de plomb, d'un quart de cuivre et d'un peu d'antimoine ; j'en aurais trop à vous parler de nos fondeurs de planches de caractères d'un seul jet, des inventeurs du stéréotypage français Herhan et Didot.

Comment faites-vous le minium? demanda tout aussitôt l'Anglais. Comme vous, répondit tout aussitôt le Normand : nous calcinons le plomb ; nous en broyons la chaux ; nous la délayons avec de l'eau, nous la resséchons ; nous la tamisons ; nous la remettons au feu, et nous avons du minium au moins aussi rouge, aussi bon que le vôtre. Nous allons l'acheter à la fabrique de Pécard, pas plus loin que Tours.

Comment faites-vous les crayons de mine? demanda l'Anglais d'un ton encore plus assuré. Je ne sais, répondis le Normand, si nous les faisons comme vous, car vous gardez votre secret; mais notre Conté (1) ne garde plus le sien. Il pulvérise la mine

(1) Conté, peintre, chimiste et mécanicien, né à Saint-Cernin près Sécz, mort à Paris en 1805, l'un des hommes les plus remarquables de son temps. On lui doit la fondation du Conservatoire des arts et métiers de Paris; l'invention des

de plomb en la calcinant dans un creuset; il la mêle dans une partie d'argile, plus ou moins grande, suivant qu'il veut des crayons plus ou moins durs ; il jette cette pâte sur une planche à face striée, cannelée, de manière qu'il n'y a plus qu'à en retirer les crayons et à les enchâsser dans le bois. Convenez-en, ajouta le Normand, il y a quelques années vous nous vendiez vos crayons, peut-être viendrez-vous bientôt nous acheter les nôtres.

LES OUVRIERS EN ÉTAIN.

Il est une chose que vous ne nous achèterez jamais, que nous vous achèterons toujours, c'est l'étain; vos montagnes de la province de Cornouailles savent le faire mieux que partout ailleurs. Elles le font encore comme aux vieux siècles; c'est qu'elles l'ont toujours parfaitement fait. Du reste, l'exportation de votre étain est bien réduite, car l'art du potier d'étain est maintenant bien circonscrit.

crayons à la mine de plomb. Ce fut surtout pendant l'expédition d'Égypte qu'il fit preuve des plus grands talents. Après la révolte du Caire, l'armée française perdit tous les instruments, les outils et les machines qu'elle avait apportés pour son service. Conté remplaca tout : il improvisa des moulins, des ateliers de monnayage, des fabriques de poudre, des aciéries, des fabriques d'étoffes, d'instruments de chirurgie et de précision, des fonderies de canons, le tout en un an. Monge disait de lui, « qu'il avait toutes les sciences dans la tête, et tous les arts dans les mains. » — L.

LES OUVRIERS EN ARGENT.

Sans doute, c'est bien à cause de la grande quantité de belle faïence et de belle porcelaine qu'on plane peu de vaisselle d'étain ; mais c'est aussi parce qu'on en plane beaucoup en argent. Tous les jours la vaisselle plate devient plus commune.

Aujourd'hui, d'ailleurs, qui peut laisser reposer quelques écus achète des couverts frappés au mouton, à lamporte-pièce, dont on ne paye guère que le poids et les droits du contrôle.

LES OUVRIERS EN OR.

Vous en voudriez sans doute pas disputer, qui voudrait disputer avec l'orfévre français de goût et de grâce ?

Combien de fois n'ai-je pas vu à Bordeaux, à Lyon, à Paris, l'étranger, qui précipitait ses pas, s'arrêter, marcher lentement dans ces rues étincelantes d'argent et d'or où ces riches métaux sont disposés en soleils de cuillers et de fourchettes, en pyramides de cafetières, de théières, de tasses, de biberons, d'écuelles, de soupières, d'huiliers, de flacons, de toute sorte de vases, gravés en mat, en clair-obscur, et brillantés par l'éclat que leur donnent les nouveaux acides sulfuriques nitreux et les nouvelles découvertes de la chimie.

Vous croyez que j'ai fini ; mais j'ai à parler en particulier d'Odiot, comme ayant porté au plus haut degré les divers travaux de l'art ; et d'Auguste, comme ayant ajouté à cette perfection par l'invention de ces matrices, avec lesquelles il emboutit, frappe en bossage les ornements les plus ordinaires ou qui se répètent le plus souvent.

LES OUVRIERS EN SELS ET EN CHAUX MÉTALLIQUES.

L'Anglais laissait aller, laissait dire le Normand ; semblable à un renard, il se tenait embusqué, pour s'élancer à son avantage. Mon camarade, lui dit-il, oui, vous avez raison, tous les pays ne connaissent que votre orfévrerie ; tous les pays ne veulent que vos marchandises. Vous n'achetez rien aux autres ; vous avez, au contraire, reçu de votre sol et de votre industrie le privilége de tout leur fournir.

Il y a plus, ajouta-t-il en riant, et en cherchant même à rendre bien ostensible son rire, vous allez porter en Prusse le bleu de Prusse, en Espagne le blanc d'Espagne, en Pologne, en Russie, les potasses de Pologne, les soudes de Russie ; et il continua à lui rappeler la longue nomenclature des objets de ce genre que nous tirions autrefois de l'étranger, à la grande diminution de notre numéraire.

Ah ! répondit le Normand, avec un air d'assurance qu'il avait imperturbablement conservé, vous êtes encore venu cette fois débarquer à Berghen, et comme le général Brune (1), je vous tiens entre mon armée et la mer ; écoutez bien.

(1) Brune, maréchal de France, né à Brives-la-Gaillarde

Notre Révolution, dans sa guerre contre l'Europe, appela à sa défense tous les arts, toutes les sciences. La chimie, la science par excellence, qui procède par décomposition et recomposition, fut alors forcée de descendre des chaires, non comme autrefois pour entrer dans les salons, mais bien dans les ateliers. Là, elle vit par des yeux tous exercés, tous ouverts par l'intérêt, et de ce jour datent ses progrès, sinon les plus étonnants, du moins les plus utiles.

De ce temps nous faisons du bleu de Prusse : ou comme Lassoue, avec des acides ferrugineux et du zinc ; — ou comme Clouet, avec du gaz ammoniacal et du charbon pur ; — ou comme La Folie, avec des dissolutions de couperose, de vitriol, de fer et de soude.

Nous faisons le blanc d'Espagne, pour les peintures, avec des craies, des marnes purifiées, en les dissolvant dans de l'eau.

Nous faisons les potasses de Pologne, les soudes de Russie, efinn les soudes, aussi pures, plus pures même que celle d'Alicante, seulement avec du sel de cuisine, et nous ne payons plus au commerce étranger ou dix, ou vingt, ou trente millions; j'aime mieux dire trente millions ; car on ne saurait trop faire éclater la gloire des inventeurs dans les arts mécaniques, tous inconnus dans nos livres que le public veut bien encore nommer histoires : car on ne saurait trop célébrer le nom de Leblanc et de ses pareils.

en 1763, assassiné par les royalistes à Avignon en 1815. Général en chef de l'armée de Hollande en 1799, il battit les Anglo-Russes à Berghen, à Alkemaar, à Castricum, et leur imposa une capitulation humiliante.—L.

Nous faisons de bon alun, de l'alun de Liége, de l'alun purgé de fer, de l'alun de Rome et du meilleur, par plusieurs méthodes, avec plusieurs sels. Nous faisons de l'alun de toutes pièces, comme le dit et comme le fait l'inventeur Chaptal.

Nous faisons de même la couperose d'Angleterre; nous la faisons comme Bérard.

Nous faisons l'acide sulfurique si parfaitement, que, dans cette fabrication, tout le soufre est absorbé; nous le faisons comme Clément Désormes.

Nous faisons du sel ammoniac d'Égypte, ou par la distillation des matières animales combinées avec l'acide de sel, comme Dizé (1), ou avec de l'acide de sel et l'alcali volatil, comme Chevremont.

Nous faisons tout pour ne pas acheter, de même que vous faites tout pour vendre.

Mais vous, qui brûlez ou qui brûliez en effigie le pape, pour vous avoir excommuniés de l'Église, vous devriez bien aussi, parce qu'ils vous excommunient de nos marchés, faire pendre en effigie nos fabricants, surtout nos chimistes, qui les dirigent, et Berthollet, Chaptal, Vauquelin, au haut de l'échelle (2). N'est-ce

(1) Dizé, pharmacien en chef des hôpitaux militaires en 1792, professeur à l'École de pharmacie, membre de l'Académie de médecine, né à Aires (Landes) en 1764, mort en 1852. On lui doit la découverte, en collaboration avec le chirurgien Leblanc, de la *soude artificielle*, par la décomposition du sel marin, découverte qui vaut à la France plus de 20 millions par an, —un procédé de dessication et de conservation des viandes, et une encre indélébile.

(2) Berthollet, célèbre chimiste, membre de l'Académie des sciences, professeur de chimie aux Écoles normale et polytechnique, né en 1748, mort en 1822. On lui doit, entre autres,

pas, dit le Normand en s'adressant à moi, que tous ces braves gens-là sont pendables? Je feignis de ne pas comprendre. Mais enfin, poursuivit-il, à qui donnez-vous la palme? Et il m'expliqua assez longtemps ce que c'était que donner la palme. Quand je vis qu'il était temps de comprendre, je compris, et je répétai le terrible jugement d'Anglais bon, de Français plus bon. Enfin, l'Anglais, furieux, placé sans le savoir

la découverte des propriétés décolorantes du chlore, et l'application de cette substance au blanchiment; la découverte de l'argent fulminant, de la poudre détonante, du chlorate de potasse; l'application du charbon à la purification des eaux. Il a contribué, avec Lavoisier, Guyton de Morveau et Fourcroy, à établir la nomenclature chimique, et publié de nombreux ouvrages, dont les principaux sont les *Éléments de l'art de la teinture*, 2 vol. in-8°, 1791 et 1804; et la *Statique chimique*, 2 vol. in-8°, 1803. Il donne dans ce livre des aperçus nouveaux sur les doubles décompositions, et c'est de là que sont sorties les formules connues aujourd'hui sous le nom de *lois de Berthollet*.

— Chaptal, comte de Chanteloup, chevalier de l'ordre de Saint-Michel sous l'ancienne monarchie, ministre de l'intérieur sous l'Empire, pair de France sous la Restauration, est l'un des hommes qui ont le plus contribué à populariser la chimie appliquée à l'industrie et aux arts. On lui doit la fabrication de l'alun artificiel, du salpêtre, d'un ciment destiné à remplacer les pouzzolanes d'Italie; le blanchiment à la vapeur, et d'importants perfectionnements dans la fabrication de l'acide sulfurique, des savons et du vernis des poteries. Il a publié de nombreux ouvrages, dont le plus célèbre est la *Chimie appliquée aux arts*, qui a paru en 1807, et a été traduit dans toutes les langues de l'Europe. Né à Nozaret (Lozère) en 1756, mort en 1832.

— Vauquelin, membre de l'Académie des sciences, professeur l'École des mines et au Muséum, né en 1763 dans le Calvados, mort en 1829. On lui doit plus de deux cent cinquante mémoires sur toutes les branches des sciences naturelles, et la découverte du chrome et de la glucine.—L.

entre un Normand et un Gascon, me dit, en se tournant vers moi : J'en appelle à tous vos compatriotes!

Je me levai en feignant l'impassibilité d'un juge, avec la différence que je saluai les plaideurs, savoir : l'Anglais très-respectueusement, et le Normand plus respectueusement encore ; après quoi je sortis et partis dans le moment : car il importait à l'honneur national qu'on ne pût pas découvrir, par un plus long séjour, que j'étais Français.

LES OUVRIERS EN TOURBE.

Je courais, je me sauvais ; il me semblait que je sauvais non-seulement la gloire de la France, mais encore celle de la Normandie et de la Gascogne ; j'allai tomber dans une tourbière. Elle était intacte. Mes amis, dis-je avec empressement aux premiers villageois que je rencontrai, vous avez dans votre voisinage d'excellente tourbe ; vous pouvez la rendre encore meilleure en la carbonisant, et rien n'est plus aisé. Il suffit de la mettre dans un four construit comme les fours à chaux, d'allumer quelques bûches de bois au-dessous de la grille, et quand elle sera dégagée par la combustion de toutes les matières qui produisent la fumée et l'odeur, il n'y aura plus qu'à l'étouffer, en fermant toutes les ouvertures du four. Oh ! me répondirent-ils, après m'avoir froidement écouté, qu'avons-nous besoin d'apprendre à brûler la terre, tandis que nous ne savons que faire de notre bois ?

LES OUVRIERS EN HOUILLE.

Je découvris aussi une houillère ; elle était également intacte. Je vis bien qu'ainsi que la tourbière elle resterait telle ; cependant je ne pus m'empêcher de dire à de pauvres laboureurs que, sans qu'ils s'en doutassent, ils travaillaient une terre féconde en charbon qu'ils pouvaient approprier à bien des usages, même à la cuisson du pain, en le purifiant, en le dessoufrant par une demi-combustion. Français ! me dirent-ils, grand merci de vos enseignements ; Dieu nous a placés dans un pays de bois et de forêts, de même qu'il vous a placé dans un pays d'eau-de-vie, de vin blanc et de vin rouge.

LES OUVRIERS EN BOIS.

Le faubourg Saint-Antoine est connu en Russie, en voici la preuve. J'étais, si je ne me trompe, ou si je ne mens, à Odessa, où je me gardai bien de ne pas me dire Français : car, par sa probité et ses vertus, le gouverneur, le duc de Richelieu, y a rendu ce nom chéri et honorable. Voilà qu'au son des instruments de la ville on proclame l'annonce d'une grande vente de meubles ; le peuple y court, j'y cours.

On commença par les meubles communs, on en vint ensuite aux meubles d'acajou ; le préposé aux encans ne cessait de crier : C'est de France, de Paris, du faubourg Saint-Antoine. Dès que les enchères se ralentissaient, aussitôt le nom du faubourg Saint-

Antoine les ranimait. Je vis vendre des secrétaires, des armoires, des commodes, des porte-vases, des porte-cuvettes à trépied, des tables de toilette à miroir carré, à miroir ovale, fixe, pliant. On se disputa longtemps un superbe lit en forme de tombeau antique, orné, ainsi que les autres meubles, de bronzes dorés ; le ciel était un beau cercle, acajou et or, qui suspendait les rideaux. Je vis vendre toute sorte d'autres meubles de ce même bois à la mode, fauteuils, canapés, tables, billards ; je ne sais en ce genre ce qu'on ne vendit pas. A Paris, pour quinze cents francs, deux mille francs, on a l'ameublement complet et assez beau ; en Russie, il se vendait vieux le double, le triple, et je vis comment les seigneurs se ruinaient encore en bois aussi bien qu'en pierre (1).

Les pays étrangers ont notre ébénisterie, notre menuiserie portative ; ils ne peuvent avoir notre menuiserie fixe, nos planchers à compartiments de bois de couleur, nos lambris ornés des arabesques de Barthélemy.

Mais ils peuvent avoir et ont nos légers wiski, nos élégantes voitures à ciel-ouvrant et fermant, nos gondoles, que l'art du menuisier-carrossier et l'art du serrurier ont rendues si douces, qu'elles sont pour ainsi dire ondoyantes.

(1 Deux changements notables ont eu lieu dans la forme des meubles, au dix-huitième siècle : le premier, sous la Régence ; le second, sous Louis XVI. Les meubles de la Régence sont beaucoup moins massifs que ceux de Louis XIV. Ils sont très-élégants comme décoration ; mais leur forme, sous le rapport de l'ensemble, laisse beaucoup à désirer. Sous Louis XVI, ils sont plus corrects de forme, mais moins élégants comme décoration. A cette dernière date, la marqueterie en bois est très à la mode. — L.

Sans doute les charpentes des Russes ne valent pas les nôtres : Buffon ne leur a pas enseigné comme à nous les principes de la force des bois ; le charpentier Mugneron ne leur a pas appris à cintrer les bois des jantes, à leur donner une courbure fixe, à les tremper comme les métaux, à en raffermir les fibres. Mais quand nous disons que notre nouvelle charpente est nouvelle, il faut bien prendre garde de ne pas parler devant quelqu'un qui ait lu le traité d'architecture de Delorme. Pourquoi ne pas vouloir convenir que notre charpente actuelle est, dans ses essais les plus étonnants, la charpente du seizième siècle ? Pourquoi avoir honte du seizième siècle?

En traversant les grandes forêts de la Chersonèse, j'étonnai bien plusieurs paysans russes ; ils étaient les uns à fabriquer du goudron, les autres à couper du bois, les autres à faire du charbon. Je leur dis qu'en France nous n'avions plus besoin du goudron du Nord ; qu'en fondant le nôtre à vases clos, suivant la méthode de Darrac, nous faisions maintenant du goudron aussi bon que le meilleur goudron connu dans le commerce. Je leur dis qu'on tirait un très-fort vinaigre de bois, en le brûlant, en le carbonisant dans une corne métallique ; que cette découverte était due à Lebon. Je leur dis qu'en France le bois était devenu si cher que nos physiciens, et, à leur suite, Curaudau, qu'ils ne connaissaient pas, mais qui était fort connu à Paris et ailleurs, avait imaginé des fourneaux économiques où, avec un morceau de bois pas plus gros que le poing, on cuisait cinq plats, où, avec une feuille de papier, on faisait chauffer un bouillon ; que Cuchet, fort connu aussi à Paris et ailleurs, mettant de même en pratique les découvertes des physiciens, faisait, avec du charbon réduit en poudre, des filtres, des fontaines dépuratoires, qui, dans le moment, changeaient l'eau la plus sale, la plus bourbeuse, en eau la plus belle, la plus limpide ; que le grand chimiste Berthollet conservait pendant les voyages de mer du plus long cours les liquides renfermés dans des futailles légèrement brûlées en dedans. Ces bons paysans de m'entourer, de manifester par leurs signes l'étonnement, la surprise, et peut-être même, si j'y avais regardé de plus près, l'incrédulité.

LES OUVRIERS EN ROSEAU.

Bon goût des Français, merveilleuse adresse des Russes ; voilà un proverbe à faire. Vous ne sauriez croire combien les Russes sont adroits : je leur tressai un de nos fauteuils d'été, un fauteuil tendu en roseau ; ils en tressèrent plusieurs autres et tous plus beaux que le mien.

LES OUVRIERS EN JONC.

Les Russes font nos coffrets, nos paniers, nos corbeilles en jonc ; ils les font mieux que nous.

Je leur enseignai à teindre le jonc, pour en faire des chaises comme les nôtres.

LES OUVRIERS EN PAILLE.

Je leur enseignai aussi, pour faire d'autres chaises comme les nôtres, à teindre la paille ; je leur enseignai à la tailler, à l'adoucir, à la tresser ; je leur enseignai à la blanchir par les acides, à en faire des chapeaux. Quelques jours après vous auriez vu mille élégantes têtes de jeunes Parisiennes se mirer dans les eaux du Volga.

LES OUVRIERS EN IVOIRE.

En Russie tout le monde est mal peigné, me disait un jeune fat; c'était, je crois, la seule observation qu'il avait faite en deux années sur les peuples de ce vaste pays. Elle est du reste vraie. Les Russes ne se servent en général que de peignes de corne ou de bois ; ils ne savent pas faire, ou ne font pas, ou ne font guère de peignes d'ivoire. J'ai d'ailleurs trouvé chez eux les instruments dont nos peigniers se servent, et notamment l'ingénieuse double scie avec laquelle on sépare les dents du peigne que le carrelet a marquées. L'art de travailler l'ivoire, qui, en France, s'il n'est mort, meurt dans plusieurs parties, n'est pas encore né chez eux.

LES OUVRIERS EN OS.

M. Bernard a continué : Vous savez aussi bien que moi, disais-je aux Russes, à combien d'usages dans les arts les os des animaux sont employés. Les Russes, comme s'ils l'avaient su, me aisaient tout en souriant un signe affirmatif, un signe de politesse. — Vous savez que nous les tournons et que nous en faisons mille divers jolis petits ouvrages. — Nous les brûlons aussi pour en fabriquer du noir de fumée, de l'encre de la Chine. — Enfin, depuis les expériences de Cadet de Vaux (1), nous les cassons, nous les faisons bouillir, nous en faisons de la gélatine, qui, à défaut de viande, est fort bonne pour assaisonner la soupe et les légumes.

LES OUVRIERS EN CORNE.

Vous savez ou vous saurez, disais-je encore aux Russes, que nous amollissons, que nous fondons la corne, que nous la façonnons, que nous la limons, que nous la soudons, que nous la colorons. — Vous savez ou vous saurez qu'avec des dissolutions d'argent et d'acide nitrique, passées sur la surface aux endroits non enduits de vernis ou de cire, nous imitons la marbrure de l'écaille de tortue. — Je vous dirai encore qu'aujourd'hui notre Rochon, au moyen d'une châsse ou cadre, tendu de gaze métallique, plongé et replongé jusqu'à épaisseur convenable dans une cuve de colle de poisson, en tire des lames

(1) Cadet de Vaux, pharmacien en chef du Val-de-Grâce, inspecteur général de la salubrité, est l'un des hommes qui ont le plus contribué à populariser les notions de l'hygiène publique. On lui doit, entre autres, l'assainissement des hôpitaux et des prisons, et la suppression des cimetières à l'intérieur de Paris. Il s'est occupé, avec Parmentier, de la propagation des pommes de terre, de l'emploi des os dans l'agriculture et l'alimentation, de la fabrication des vins, et de la boulangerie. Né en 1743, mort en 1828.—L.

en feuilles de la plus grande dimension, qui ont la transparence des feuilles de corne, et qui, lorsqu'on les a vernies des deux côtés, en ont aussi la solidité.

LES OUVRIERS EN GRAISSES.

Je n'épargnais pas mes enseignements aux Russes ; je ne me lassais pas de les enseigner. Mes amis, nous remplaçons maintenant, dans la fabrication des savons, les huiles par les graisses. — Chaptal nous a appris, et je vous apprendrai si vous voulez, à les remplacer aussi par des rognures de peaux qui ne servent à aucun usage. — Dites ! mes bons hôtes, ne voudriez-vous pas, comme en France, purifier, par la chaux et l'alun, le suif de votre chandelle commune ? et, aussi bien que nous, avec de bon suif de mouton purifié par le nitre, le sel ammoniac, avec des mèches mélangées de coton et de lin légèrement imbibées de camphre, faire de la chandelle appelée économique ? Sachez aussi qu'aujourd'hui on parfume les suifs par une infusion d'herbes odoriférantes ; sachez encore qu'on blanchit les chandelles avec du sel marin oxygéné, ou que tantôt on les teint, ou que tantôt on les enduit d'un vernis de perle.

LES OUVRIERS EN PEAUX.

J'ai semé dans mes courses en Russie et notamment à Smolensk un assez grand nombre d'arts. Je fus surpris dans cette ville et renfermé par l'hiver. Mon hôte, à qui j'avais enseigné à faire de nouvelle chandelle de Munich, c'est-à-dire de la chandelle fort grosse, à mèche de bois de sapin, recevait avec plaisir ses voisins qui venaient veiller. Il y avait beaucoup d'artisans, et, comme la ville est entourée de forêts ou de pâturages, il y avait surtout beaucoup d'ouvriers en peaux. Avant les contes de revenants, ordinairement de la même fabrique que ceux de France, nous parlions des arts du pays.

Les Russes se croient fort savants dans l'art de travailler les peaux (1) : ceux que je voyais aux veil-

(1) L'importante industrie de la tannerie n'a fait de notre temps, en France, que des progrès peu sensibles. On a essayé divers procédés nouveaux, qui n'ont donné que de médiocres résultats, et les anciennes méthodes sont encore généralement suivies. En voici l'indication :

La première opération du tannage consiste, quand la peau est encore fraîche, à la débarrasser du poil et à l'empêcher de se putréfier. On obtient ce résultat de trois manières : par *la chauffe*, pour les cuirs très-forts ; ou bien par la chaux à l'état laiteux ; ou bien encore par la cendre des foyers.

La seconde opération consiste, lorsque le poil est enlevé, à plonger les peaux dans des cuves nommées *fossements* ou *bossements*, où elles plongent dans une eau qui contient du tannin en dissolution ; elles gonflent au contact du tannin, et restent un mois dans les cuves.

La troisième opération consiste, quand les peaux sont sorties des cuves, à les placer dans des fosses de trois mètres de profondeur ; sur chacune des peaux, rangées dans les fosses, on étend une couche de tan, c'est-à-dire d'écorce de chêne râpée, dont l'épaisseur varie suivant la force de la peau. Tous les trois mois, on renouvelle l'opération, et, après un an, le cuir, complétement modifié et imputrescible, passe aux mains du corroyeur, qui l'assouplit, enlève les rugosités, et lui donne le dernier degré de perfection.—L.

lées de mon hôte se glorifiaient. Ils me parlaient de leur tannage au sumac, à la noix de galle ; je convins avec plaisir que les cuirs de *Russie* étaient fort recherchés dans les marchés de l'Europe : ils se glorifièrent davantage.

Enfin, après avoir été forcé de les écouter encore longtemps, je pus leur dire qu'en France nous avions ajouté aux anciens moyens de débourrer et de gonfler les peaux la dissolution de la houille, la dissolution de la tourbe, la dissolution de l'acide sulfurique, l'étuve à la vapeur de ce même acide ; que nous avions ajouté aux anciens procédés du tannage celui de Séguin, le plus expéditif de tous, qui consiste à combiner le plus promptement possible les principes astringents du chêne avec la gélatine, la substance de la peau, en tenant dans une dissolution de tan les peaux placées verticalement et séparées l'une de l'autre.

Je pus aussi leur dire que Delvau faisait, que nous faisions des tiges de bottes sans couture ; qu'ils pouvaient en faire comme lui, comme nous , en dépouillant la jambe des animaux sans fendre la peau.

Ils ne m'écoutèrent guère quand je leur parlai de nos maroquins, de nos peaux chamoisées, imitant les diverses couleurs, les divers dessins coloriés des étoffes, les divers velours, et je ne sais même s'ils retinrent le nom du fabricant Dolfus.

Ils ne m'écoutèrent guère non plus quand je leur parlai de nos nouvelles reliures à dos brisé, de l'invention de Bradel ; de nos reliures gravées au fer sur le dos et sur les plats, teintes en jaune, en bleu, en rose, en vert, en toute sorte de couleurs, qui servent si bien, dans une nombreuse bibliothèque, à faire connaître au premier coup d'œil les divers ouvrages.

Mais ils me donnèrent une grande attention quand je leur dis qu'un de nos selliers, nommé Navarre, avait imaginé des arçons mobiles au moyen desquels il faisait des selles à tous chevaux.

Ils m'en donnèrent aussi une grande, une très-grande, quand je leur dis que nos cordonniers faisaient des souliers dont la couture ne pouvait pourrir, puisqu'ils étaient cousus avec du fil de fer assoupli, ou dont les diverses pièces tenaient avec les seuls clous.

Ils m'en donnàrent une bien plus grande encore et ils applaudirent quand je leur appris qu'aujourd'hui en France les femmes ne portaient plus les talons hauts, qu'elles n'y étaient plus sur un haut pied.

LES OUVRIERS EN CRIN.

Mes amis, leur dis-je un soir, vous avez du crin comme nous. Vous devriez bien, comme nous, le dégraisser, le teindre, le tisser, en faire comme nous, des meubles d'été, des fauteuils, des canapés à fleurs, à paysages. En France, Bardel a contribué à perfectionner cette nouvelle fabrication.

LES OUVRIERS EN CHEVEUX.

Jeunes filles, dis-je aux jeunes veilleuses, allons! venez, partons pour la France ! N'est-ce pas que celles qui êtes brunes voudriez peut-être avoir la chevelure blonde ? Eh bien ! le sieur Poitevin vous lui donnera cette couleur, avec un peu de chélidoine et de safran; et il donnera la couleur noire à la chevelure de celles qui êtes blondes et qui voulez avoir des cheveux noirs ; pour cela il n'emploiera qu'un peu d'ébène et de mine de plomb, mêlés à un peu de camphre, ou plus simplement il se contentera de les peigner avec un peigne de plomb. Si vous voulez, faites mieux ; livrez vos cheveux au sieur Lumont : il vous tondra, vous mettra à la mode, vous coiffera d'une petite perruque à mèches flottantes, à tire-bouchons, avec ou sans coup de vent. Ne craignez pas de passer pour vieilles; il n'y a chez nous que les jeunes femmes qui portent perruque.

Et, dis-je aux hommes, vous qui avez passé cinquante, soixante ans, qui commencez à devenir chauves, qui êtes chauves, qui grisonnez, qui blanchissez, venez aussi en France. Le sieur Rochefort a une collection de têtes de bois de toutes les dimensions, où sûrement le modèle de la vôtre se trouvera. Il vous tient toujours toute prête une perruque faite au tour de votre visage. Que si vous ne voulez qu'un toupet, le sieur Berlandeux, rue du Pas-de-la-Mule, en fait à ressort et à jour, où seront très-artistement mêlés les cheveux que vous avez avec ceux que vous n'avez pas.

LES OUVRIERS EN FOURRURES ET EN POILS.

On est fort habile en Russie dans l'art de préparer les fourrures ; cela doit être : on en porte les trois quarts de l'année. Quant à nous, il faut avouer que nous n'y entendons plus rien : nous n'en portons plus.

Ah ! les mauvais chapeliers que ceux de ce pays-là! Quand je leur expliquai le procédé du secretage, qui n'est plus aujourd'hui un secret, car la dissolution de mercure dans l'eau-forte mélangée d'eau de puits, dont les fabricants, depuis quarante ou cinquante ans, arrosent le feutre des chapeaux de poil de lièvre, de lapin ou de castor, est connue de tout le monde, je m'aperçus qu'ils ne connaissaient que très-imparfaitement les autres opérations. Je leur fis, sans reproche, pendant plusieurs veillées, un bon cours de chapellerie, à la lueur de la chandelle à mèche de bois.

Les Russes filent, ainsi que nous, la bourre de vache.

Les Russes font aussi, comme nous, les brosses ; ils prennent des flocons de soies de porc, les plient en deux, en engagent la tête dans les rangées de trous d'une petite planche ou ronde ou carrée, suivant la forme qu'ils veulent donner à la brosse. Ils les y attachent par la ficelle passée dans le pli, les fixent par la colle-forte à la planche, qu'ils recouvrent d'un cuir.

Les Russes, comme nos jeunes gens du bel air, se lavent et se brossent les cheveux.

LES OUVRIERS EN LAINE.

Vous savez, continua M. Bernard, comme le printemps est long à venir de Montpellier à Mende ; il est encore plus long à venir de la Turquie dans la Russie.

Il vint enfin, et je pus continuer à parcourir les provinces et les ateliers.

Les laines russes ne sont pas mauvaises, et cependant les étoffes le sont, et, qui pis est, elles sont fort chères. C'est que les opérations de fabrique sont mal faites et ordinairement faites en petit, par conséquent d'une manière dispendieuse.

Je disais à ces bons artisans, qui, sous leur chapeau à pain de sucre, portaient une tête fort routinière :

Lavez vos laines sur le dos des brebis. — Dégraissez vos laines dans des lavoirs à cuves d'eau chaude, à cuves d'eau froide ; et à l'exemple de nos riches fabricants, faites venir d'Espagne des laveurs, surtout des tireurs de laine, des *triadors*. — Blanchissez vos laines avec de l'acide de sel marin oxygéné.—Cardez-les en grand avec la carde brisoire, la carde finissoire de Douglass ; et je leur en expliquai le mécanisme, ainsi que celui des autres nouveaux instruments, dont je leur conseillai l'usage. — Filez vos laines, non à la vieille manière, à la quenouille, au rouet, mais avec les nouvelles machines.

Collez les chaînes avec de la fécule de pommes de terre. — Élargissez vos métiers, vos ensouples ; tissez à la navette volante que l'Espagne a inventée, que l'Angleterre a perfectionnée.

Foulonnez vos étoffes, non, comme autrefois, avec la terre à foulon, mais avec une dissolution de potasse. — Lainez-les avec les chardons métalliques ou avec les nouvelles machines à lainer. — Tondez-les avec la machine de Leblanc-Paroissien, qui tond comme la main du tondeur. — Pressez-les au cylindre.

Appliquez, ainsi que Dobo et Richard, les machines du travail du coton à celui de la laine.

Imitez Delarue, Pétou, Lecamus, Grandin, qui ont succédé aux Pagnons, aux Rousseaux ; imitez, pour les draperies communes, Guibal ; et pour les draperies fines, superfines, parfaites, imitez Décretot, que tous les fabricants de la France imitent.

Ces braves gens-là voulaient d'ailleurs faire du casimir comme les Anglais. Comme les Anglais, vous ferez bien, leur dis-je ; comme les Français qui font comme Gensse-Duminy, vous ferez mieux. Le casimir, ajoutai-je, n'est qu'un drap fin, croisé, fait à trois marches, dont la fabrication a été portée d'Angleterre en France par Casimir.

Comment faire des schalls de Cachemire? me demandèrent-ils un jour. Rien n'est plus facile, répondis-je, pour qui sait filer ses laines à une finesse du numéro 600, pour qui sait les tisser à marches plus ou moins nombreuses, suivant les dessins des diverses palmes, ou pour qui sait les imprimer avec des planches. Qui fait en France le mieux les schalls de Cachemire? me demandèrent-ils. Ternaux, leur répondis-je ; quand il s'agit de la plus délicate, de la plus jolie draperie, Ternaux! toujours Ternaux!

Mes amis, ajoutai-je, il nous prend quelquefois envie de faire nos draps comme les oiseaux font leur nid, de les feutrer, depuis que cette envie prit au chapelier Chartrain, il y a près de quatre-vingts ans. Ces draps, avec lesquels on peut faire des habits et des culottes sans couture, à la fabrication desquels on peut employer les laines les plus courtes, rejettent l'eau mieux que les draps tissés.

Braves Russes, leur dis-je encore, il me semble qu'il fait dans votre pays autant de froid qu'en France. Vous devriez bien avoir aujourd'hui, comme les Français, chacun votre gilet de tricot ; mais pour cela, vous devriez avoir votre bonnetier Mathis, qui ajoutât un nouveau mécanisme au métier à bas, au moyen duquel les becs des aiguilles se garnissent de laine cardée, et vous donnent de bons et chauds tricots fourrés ; vous devriez avoir aussi votre bonnetier Sarrazin, qui changeât le mécanisme de ce métier, et lui fît fabriquer des mailles fixes qui ne se défilent pas, bien que la maille précédente manque. Sans doute vous avez, comme partout, des chanoines ; mais vous devriez avoir aussi votre chanoine Moisson, pour simplifier le métier à bas, le débarrasser de six cents pièces et le rendre d'un meilleur service. En ma qualité d'artisan, je n'aime pas trop les beaux chanoines d'autrefois, s'ils ne sont chanoines d'Alais.

LES OUVRIERS EN SOIE.

Bien des gens, qui n'ont lu que de mauvaises géographies, continua M. Bernard, vous disent hardiment En Russie il n'y a pas de soie. Messieurs, il y en a, je vous l'assure. Nous avons des mûriers, les Russes en ont ; nous avons des vers à soie, ils en ont ; mais toutes leurs opérations sont antiques. Ils tirent la soie des cocons comme nous la tirions autrefois, en la faisant bouillir, tandis que nous la tirons aujourd'hui plus pure et plus blanche par le moyen de la vapeur de l'eau, nouvelle et mémorable invention de Gensoul. Nous la cardons, nous la moulinons, nous la filons, nous la tissons : ils la cardent, ils la moulinent, ils la filent, ils la tissent ; mais aujourd'hui

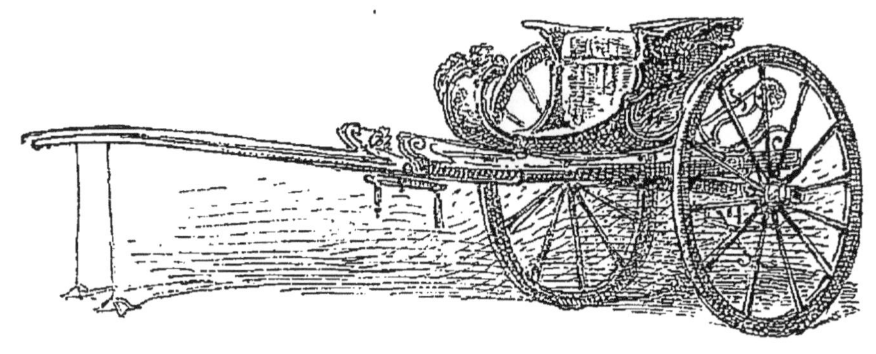

GERLER. GILLOT Sc

I. Cabriolet Louis XIV, 1759 (Cluny).

II. Tapissier du XVIIIe siècle, d'après Abraham.

nous sommes servis et par les mécaniques de Vaucanson (1), et par les nouvelles mécaniques de Bonnard, dont le fil est aussi fin que celui du ver à soie ; car c'est le même, c'est le fil élémentaire. Les gazes, les tulles de Bonnard, sont au plus haut point de finesse physiquement possible.

Les Russes ont un grand respect pour nos soieries. Comment faites-vous, me demandaient-ils, vos beaux velours à cinq, à six poils? Nous tirons, leur répondis-je, les poils des fils de chaîne en dehors ; nous y appliquons une réglette grillée, et nous les rasons. Outre ces beaux velours, ajoutai-je, nous en avons encore d'autres ; je pourrais vous parler de nos velours de filoselle ou basse soie, cardée avec les cocons, de l'invention et de la fabrication de Duperron; de nos velours de coton faits à la double navette volante, inventée par Sevenne, de nos velours de gueux, dont ici bien d'honnêtes gens se pareraient.

Les Russes ont encore un grand respect pour nos brocarts d'or et d'argent ; il me parut qu'ils ne connaissaient cependant pas les nouveaux brocarts sans envers de Camille Pernon.

Ils ne connaissaient pas non plus et je leur fis aussi connaître les nouveaux rubans veloutés de Dugas.

Est-il vrai, me demandait-on, que vous tissiez des tableaux de velours? — Rien n'est plus vrai ; Grégoire de Paris vous en fournira des grosses.

Est-il vrai que vous imprimiez des tableaux sur ve-

(1) Vaucanson, célèbre mécanicien, né à Grenoble en 1709, mort en 1782. Outre des automates, dont la célébrité est restée populaire, on lui doit un moulin à organsiner la soie, un métier à tisser les étoffes façonnées, et la chaîne qui porte son nom.—L.

lours? — Rien n'est plus vrai ; Vauchelet vous en fournira des milliers de grosses.

Est-il vrai que Malié fasse le plus beau satin connu? — Rien n'est plus vrai.

Est-il vrai, comme un homme de votre nation nous l'a dit ces jours-ci, que vous fassiez de la soie avec des coques d'araignée? — Il est vrai que le président de la chambre des comptes de Montpellier, Bon, délassait ses yeux fatigués de chiffres à tirer des coques d'araignée cette fine soie, dont quatre-vingt-dix fils ne forment que la grosseur du fil de soie ordinaire. Du reste, ajoutai-je, vous saurez qu'il n'y a que les coques des araignées du Midi qui soient bonnes pour faire de cette espèce de soie, et que si vous voulez en faire, votre première opération devra être, avec la permission de l'Angleterre et de l'Europe, la conquête de Constantinople.

Est-il vrai, me demandait-on encore, que votre manufacture des Gobelins ait cessé de faire ses anciennes tapisseries, votre Savonnerie ses anciens tapis? Rien n'est plus vrai, leur répondis-je encore : car aujourd'hui les Gobelins, afin que les couleurs se conservent également dans toutes les parties de la teinture, n'emploient plus ou que la soie seule, ou que la laine seule ; car, d'après le nouveau mécanisme du directeur Guillaumot, la chaîne n'est plus enroulée sur l'ensouple ou le cylindre, derrière l'artiste, mais tendue devant lui comme la toile du tableau devant le peintre ; car les artistes ont cessé de ne tisser que des rois, des guerriers ou des pontifes ; car ils ont enfin peint sur leurs métiers des hommes de tous les états ; car aujourd'hui la Savonnerie emploie de meilleures matières, de meilleures mécaniques ; car elle a renoncé à ses grands compartiments, à ses guirlandes géométriquement symétrisées ; car elle tisse maintenant des gazons, des prairies, des chaumes, des guérets, des bords de rivières, des rivages, des sables, des grèves, des coquillages, des planches, des parquets, des pavés ; car enfin elle représente, sur ses nouveaux tapis de pied, les divers objets qui s'offrent çà et là sous les pieds ; car aujourd'hui la Savonnerie s'est tirée de la vieille et séculaire routine. Vous voyez que rien n'est plus vrai, que les Gobelins, la Savonnerie, ont cessé de faire leurs anciennes tapisseries, leurs anciens tapis, mais ces deux plus beaux monuments de l'art du tissage ne peuvent périr en France tant qu'elle sera France..

Un jour ils me firent encore ces questions : Est-il vrai que notre noblesse de Pologne et de Russie porte beaucoup d'habits de soie de friperie française, que les juifs leur vendent comme neufs ? Il peut en être quelque chose, répondis-je : car un tailleur parisien, de ma connaissance, a reconnu ici des milliers d'habits qu'il avait vus aux Tuileries ; mais ajoutai-je, cela n'arrivera plus. — C'est donc que les juifs ne seront plus juifs ? — Non, c'est que maintenant les Français ne portent plus que du drap et du nankin.

LES OUVRIERS EN COTON.

Et tout de suite je leur contai l'histoire d'un petit voyage que j'avais fait à Jouy-en-Josas. Je parlais dans un des plus riches ateliers de Moscou ; j'étais entouré des directeurs et des chefs ; toutes les navettes étaient suspendues. Les ouvriers, penchés sur leurs métiers qu'ils avaient arrêtés, avançaient la tête afin de pouvoir mieux entendre.

Vous connaissez de nom, leur dis-je, la célèbre manufacture de toiles peintes de Jouy établie par Oberkampf (1) ; elle est située à quelques lieues de Paris. J'allai la visiter un beau jour de printemps. Les bâtiments ont trois cent soixante-six croisées, nombre des jours de l'année bissextile ; et celui des gardiens chargé de conduire les étrangers vous en fait la remarque. Tous ces bâtiments sont propres, frais, simples ; des portes carrées sans ornement, des fenêtres à cintre rond, tout unies : c'est le palais des arts mécaniques, ce n'est pas celui des beaux-arts. Voici dans quel ordre on me fit visiter la maison :

D'abord l'atelier de teinture : vous voyez des rangées de chaudières, disposées à droite et à gauche ; les grandes chaudières sont chauffées par des conducteurs de vapeurs : ce sont de longs tuyaux de cuivre qui viennent d'un réservoir d'eau bouillante et qui les traversent et les chauffent ; les petites sont assises sur des fourneaux où brûle du charbon de terre. Là comme ailleurs, les toiles reçoivent la tein-

(1) Oberkampf, né en Bavière en 1738, mort en France en 1815, a introduit en France la fabrication des toiles peintes dites *indiennes,* et y a établi la première filature de coton. La belle manufacture dont parle ici Monteil eut pour origine une toute petite maison du village de Jouy-en-Josas (Seine-et-Oise), dans la vallée de la Bièvre. Oberkampf s'établit dans cette maison avec un capital de six cents francs, sans ouvriers, et fit d'abord tout par lui-même. Quelques années plus tard, la manufacture était fondée, et le village, qui comptait à peine deux cents habitants, en compta bientôt plus de douze cents.—L.

ture par l'immersion qu'opèrent successivement des tournettes élevées au-dessus des chaudières.

Ensuite l'atelier d'impression : c'est là qu'on apporte les toiles qui ont été blanchies ou qui ont reçu un fond de couleur aux teintureries. On entre dans une vaste salle entourée de tables, où sont assis des hommes et des femmes. Chaque ouvrier tient à la main une planche de bois de cinq à six pouces en carré ; il en imbibe la gravure avec un tampon ou balle remplie de couleur, et ensuite, après l'avoir appliquée et ajustée sur la toile tendue devant lui, il la frappe d'une petite mailloche, et aussitôt il l'enlève. N'est-ce pas l'image de l'instruction sur la cervelle vierge, sur l'âme pure des enfants ? Mais il est encore, dans cette manufacture, un moyen d'imprimer bien autrement expéditif que la planche : c'est un cylindre gravé sur tous les points de sa surface, et qui en roulant imprime dans quelques minutes une pièce de toile.

L'atelier de peinture : les planches n'ont imprimé qu'une ou deux couleurs, et cependant il en faut mille autres pour parvenir à l'imitation de la nature ; il faut alors recourir au pinceau. Ce sont des femmes, appelées les *pinceauteuses*, qui le tiennent ; leur atelier est un des plus agréables à voir. Ce n'est pas un de ces ateliers de la rue Saint-Jacques de Paris, où trente petites filles de dix à douze ans barbouillent des images d'écran ou d'éventail ; ici ce sont de jeunes personnes, dans tout l'éclat de l'âge ; et, bon gré mal gré, votre attention se trouve partagée entre l'ouvrage et l'ouvrière.

L'atelier de lavage : quand on a fait une opération d'arithmétique, il faut faire la preuve ; quand on a donné à la toile des couleurs destinées à supporter l'action de l'eau, il faut voir si elle la supporte. Cet atelier offre un long canal d'eau courante, bordé de roues en menuiserie légère. Les toiles sont enroulées sur ces roues qui, en tournant, plongent et replongent sans cesse leurs extrémités inférieures dans l'eau. Plus loin est un carré d'eau où une grande roue, faite en fortes planches d'environ quarante pieds de circonférence, renversée à plat sur son axe, et chargée de toiles qui viennent d'être trempées et retrempées, se meut lentement et présente successivement les divers monceaux de toile disposés d'espace en espace, dans l'intervalle de ses rais, à un battoir de huit ou dix pieds qui continuellement se lève et retombe.

Enfin l'atelier de pliage : les toiles ont supporté victorieusement l'épreuve de l'eau ; elles en sont sorties avec toutes leurs couleurs plus vives, plus nettes ; on les porte aux étendoirs, pratiqués dans de vastes combles où pourraient se mouvoir des bataillons d'infanterie. On les y fait sécher ; il ne manque plus que de les plier. On les descend à cet atelier où elles passent entre deux laminoirs de métal recouverts de drap, pour tomber parfaitement étirées, lissées et lustrées, dans les mains d'une femme qui les ajuste et les plie avec une promptitude et une adresse admirables. C'est la dernière opération : elles sont emmagasinées.

On compte environ douze cents ouvriers dans cette manufacture, qui habille cinq ou six cent mille femmes.

Voyez maintenant entrer dans une boutique cette jeune personne ; elle a deux ou trois écus de cinq francs dans sa bourse, et elle demande hardiment quatre aunes de toiles de Jouy avec lesquelles elle se fait une robe dont la fraîcheur et l'éclat ternit les plus belles robes de soie des grandes dames. Les toiles peintes des autres manufactures ne sont pas plus chères.

D'où vient ce bas prix? Des progrès de l'art de la filature, du nouvel usage des machines anglaises, des mull-jenny, que nos fabricants ont d'ailleurs notablement perfectionnées. Il y a loin du rouet au mull-jenny, et même du mull-jenny anglais au mull-jenny français de Pouchet, de Calla et de Barneville, que le Lycée des arts a couronné. Ces ingénieuses machines donnent à chacun de nos ouvriers trente mains artificielles et rendent les marchandises trente fois moins chères.

Vous savez que pour classer les différents degrés de finesse des fils on prend une livre de chaque degré et qu'on en mesure le fil; nos machines donnent maintenant des fils des plus hauts numéros.

Plusieurs ouvriers de cet atelier russe me demandèrent si en France nous faisions des nankins. Comme à Nankin, répondis-je; c'est une fabrication de toile de coton, à pas simple, dont la nuance de jaune, autrefois si difficile, [devient pour nous de plus en plus facile. — En faites-vous beaucoup? — Environ quinze cent mille pièces par an, depuis que nous n'en laissons plus entrer. — Qui fait le mieux en France les nankins? — Après Bucher de Strasbourg, c'est la belle demoiselle Sonthonax de Nantua.

En France, faites-vous de la mousseline? me demanda-t-on de toutes les parties de l'atelier. Imaginez si j'eus plaisir à entendre cette question. Oui, nous en faisons, répondis-je avec un grand éclat de voix ; c'est un des nouveaux prodiges de nos arts ; et maintenant telle de nos élégantes qui croit porter de la mousseline de Pondichéry, de Karical ou de Madras, ne porte tout bonnement que de la mousseline de Tarare, fabrique de Montagrin et compagnie.

LES OUVRIERS EN LIN.

L'atelier se familiarisant de plus en plus avec moi, le tisseur, ou chef des opérations du tissage, m'interrompit pour me demander comment depuis peu nos délicates et blanche toiles de lin devenaient de plus en plus délicates, de plus en plus blanches.

C'est, lui répondis-je, parce qu'un de nos fabricants nommé Delafontaine a amené la filature du lin, comme on a amené la filature de la soie, au brin, au fil élémentaire. — C'est parce qu'un autre fabricant, nommé Philippe de Girard (1), en trouvant le moyen de

(1) Philippe de Girard, célèbre ingénieur, né dans le département de Vaucluse en 1775, mort en 1845. En 1806, il inventa les lampes hydrostatiques à niveau constant, les globes à verres dépolis, et les machines à vapeur à détente dans un seul cylindre. En 1810, il concourut pour le prix d'un million, fondé par Napoléon en faveur de la personne qui trouverait le moyen de filer le lin à la mécanique. Il fonda, en 1812, une manufacture de ce genre à Paris; mais les juges du concours lui refusèrent, pour les motifs les plus mesquins, la récompense promise. Les Anglais s'emparèrent de la découverte, et en tirèrent des millions de bénéfice. Philippe de Girard fut bientôt appelé par Alexandre Ier, et fonda, près de Varsovie, une fila-

décoller le gluten de la plante formée des brins élémentaires, a facilité la filature, à laquelle on a pu dès lors appliquer des mécaniques qui filent mieux que les fileuses. — C'est parce qu'avec l'acide de sel marin oxygéné nous blanchissons le lin aussi bien que le coton et le chanvre.

Eh ! comment faites-vous, continua-t-il, pour ouvrer si artistement vos toiles, de manière à y représenter de grandes scènes ? car nous ne connaissons point, par nos gazettes, votre prise de la Bastille, votre serment du jeu de paume, votre fédération du Champ-de-Mars, mais seulement par vos serviettes et par vos nappes. C'est que notre tissage, lui répondis-je, est devenu plus savant, plus hardi ; mais quelquefois, ajoutai-je, nous faisons encore mieux, ou du moins plus vite : car, au lieu de tisser longuement et péniblement ces diverses scènes et bien d'autres de ce genre, nous les imprimons sur la toile ; nous imprimons même des cartes de géographie sur les fichus, sur les mouchoirs ; aujourd'hui la plus pauvre femme peut porter la France, la Russie à son cou, et même la terre sur ses épaules.

Maintenant, dans le moment où je vous parle, a ajouté M. Bernard, il me revient une observation que je fis alors ; je la fais encore : cet atelier, ainsi que les autres ateliers russes, n'était pas aéré, il me semblait être dans des ateliers français. En vérité les propriétaires, les directeurs de fabriques de tous les pays ne voudront-ils jamais savoir, même pour

ture, autour de laquelle se forma une petite ville, qui fut nommée *Girardof*. Il revint en France en 1844, et la récompense promise par Napoléon allait lui être décernée, lorsque la mort vint le surprendre.—L.

leurs intérêts, que le renouvellement de l'air est nécessaire à l'entretien des forces des ouvriers, et que, suivant Priestley, chaque homme use trois pintes d'air par minute? L'abbé Richard a fait, il y a je crois trente ans, une histoire de l'air en dix volumes; et tout n'y est pas, puisqu'il n'y a pas dit que l'air vicié était le plus lent, mais le plus redoutable, mais le plus universel poison.

LES OUVRIERS EN CHANVRE.

Je m'égarais souvent en Russie ; il était bien difficile que ce fût autrement. Aux environs de Novogorod, je fus remis dans mon chemin par des femmes qui étaient sur le bord d'un ruisseau à rouir du chanvre; en récompense, je leur enseignai à le rouir en deux heures, en le mettant dans une cuve remplie d'eau chaude mêlée de savon : c'est, comme vous savez, la nouvelle méthode de Bralle. — La machine à teiller le chanvre, composée de cylindres dentés de l'invention de Molard, ne me paraît pas mauvaise, non plus que la machine à le sérancer inventée par Guyot. J'ai laissé dans ce pays le dessin de l'un et de l'autre, avec des notes explicatives. — J'ai laissé aussi celui du métier de Queval, où l'on fabrique de la toile de neuf, dix pieds de large, d'un tissu ou moins ou plus serré, parce que le mécanisme permet de frapper à volonté chaque fil de la trame, d'un, de deux ou de trois coups de chasse.

A Novogorod, je fis la connaissance d'un marchand russe qui avait un de ces cartons de petits échantillons d'un pouce de long de toutes nos diverses toiles.

Il donnait avec raison la préférence à celles du célèbre fabricant Cretonne. Fil rond, fil égal, fil de la plus grande blancheur, il lui trouvait toutes les qualités désirables. Je me gardai bien de ne pas être de son avis.

LES OUVRIERS EN TEINTURE.

Il avait aussi un autre carton d'échantillons de nos diverses étoffes de soie, de laine et de coton ; il en admirait les couleurs ; je me gardai bien de ne pas les admirer. Quel beau bleu ! me disait-il, qu'il est foncé, égal, pur ! C'est, lui répondis-je, le bleu-Raymond ou le bleu de Prusse, que, par le moyen de l'alcali volatil, Raymond est parvenu à fixer sur la soie. — Et ce beau rouge-écarlate, est-ce l'écarlate-Julienne ! — Julienne, célèbre teinturier du faubourg Saint-Marceau de Paris, a donné son nom à l'écarlate du dix-septième siècle ; mais l'écarlate du dix-huitième siècle est l'écarlate-Gonin, du nom de cet habile teinturier, qui vient de nous apprendre à tirer la cochenille de la garance, à sublimer, pour ainsi dire, la garance, comme on nous avait déjà appris à sublimer le pastel, à en tirer l'indigo. — Ce beau vert me paraît un vert tout nouveau. — Il l'est : c'est le vert-Widmer, ou le vert que Widmer a nouvellement appliqué à l'impression. — Les belles couleurs que les nouvelles couleurs françaises ! ne cessait de répéter ce marchand russe. Oh ! lui dis-je, vous êtes étonné ! si vous étiez en France, vous y verriez que nos teinturiers y sont maintenant chimistes ; que nos chimistes y sont souvent teinturiers. Lisez le Traité des teintures de Berthollet, la Chimie appliquée aux arts de Chaptal, les Annales de la chimie, les Mémoires de l'Académie des sciences. Nos chimistes, continuai-je, ont changé l'art de teindre. Le chimiste suédois Scheel avait dit : Puisque l'action de l'air détruit les couleurs, l'acide de sel marin oxygéné, qui en contient la partie la plus active, doit décolorer les végétaux ; véritablement il les avait décolorés avec cet acide, mais son raisonnement s'était arrêté là. Notre Berthollet le continua et dit : Puisque cet acide décolore, il doit blanchir, et véritablement, avec cet acide, Berthollet blanchit le coton, le chanvre, le lin. Chaptal continua encore ce raisonnement et dit : Puisque cet acide blanchit les substances végétales, il doit les blanchir dans quelque état qu'elles soient, et véritablement il blanchit avec cet acide la pâte du papier. Il le continua encore et dit : Cet acide doit probablement blanchir aussi un grand nombre d'autres substances, et véritablement il blanchit, avec cet acide, la cire, le suif. Il continua encore ce raisonnement et dit : Cet acide doit conserver son action dans l'état de vapeur, et véritablement il blanchit le linge avec la vapeur de cet acide. D'autres chimistes ont continué ce raisonnement, d'autres le continueront encore ; les arts, les progrès des arts, ne sont que des déductions, des raisonnements justes. — Mais, me dit le marchand russe, quel rapport a cette découverte avec la teinture ? Blanchir n'est pas teindre. — Certes si, lui répondis-je, c'est teindre en blanc ; mais ce n'est pas là, ajoutai-je, le grand changement que, par le blanchiment à l'acide, les chimistes ont opéré dans l'art des teintures ; le voici : les étoffes, les toiles ainsi blanchies, sont parfaitemeut purgées, parfaitement préparées à recevoir les matières colorantes ; de là ces belles nouvelles couleurs, qu'on a d'ailleurs mieux fixées par cette grande quantité de mordants et de réactifs tout récemment découverts. Cela est si vrai, que, vers le commencement de ce siècle, notre gouvernement promettait des récompenses, des pensions, à une demoiselle Gervais et à sa famille, pour la communication du secret de teindre en rouge le coton, et que, plus tard, pour le même objet, les états de Bretagne firent venir des teinturiers d'Andrinople. Vous le voyez, que de dépenses, que de peines, pour une seule des nombreuses couleurs qu'aujourd'hui nos chimistes donnent si facilement et mieux !

LES OUVRIERS EN PAPIER.

Les Russes croient que s'ils avaient nos chiffons ils feraient nos beaux papiers de tapisseries. Mais, leur disais-je, vous n'en êtes pas, à beaucoup près, au point où en était Réveillon, du faubourg Saint-Antoine, quand, au commencement de notre révolution, l'incendie et le pillage de sa manufacture suspendirent les progrès qu'il avait fait faire à l'art. On avait déjà alors les papiers rehaussés d'or et d'argent, les papiers damassés, les papiers veloutés. Nous y avons ajouté les papiers tontisses à ornements de laine hachée ; et depuis l'invention de la machine à papier de Robert, dont les feuilles sont d'une dimension indéterminée, nous y avons aussi ajouté les grandes tentures de papiers-décor, qui tapissent tout un côté de chambre ou de salle ; qui, par la correspondance de leurs représentations bocagères ou monumentales, produisent d'admirables effets de perspective. Nous y avons surtout ajouté les nouveaux papiers de Prieur (1), si solidement, si vivement coloriés, qu'ils rajeunissent, renouvellent, égayent, et j'ajouterai, éclairent l'intérieur des plus noires, des plus vieilles maisons.

Les Russes croient aussi que s'ils avaient nos chiffons blancs et fins ils feraient d'aussi beau papier à écrire que le nôtre. Mais, leur disais-je, vous n'en êtes pas même où en étaient les pères, pas même où en étaient les grands-pères de nos célèbres et anciens fabricants, les Montgolfier, les Johannot, d'Annonay ; comment feriez-vous donc leurs nouveaux papiers satinés, leurs nouveaux papiers vélins ?

Que cette longue, large Russie, est sauvage ! et cependant que de métiers ! que d'arts ! Qu'il me tardait de tout voir, et quand j'eus tout vu, qu'il me tardait de tout dire !

(1) Prieur Duvernois, dit de la *Côte-d'Or*, membre de la convention, du comité de salut public, et du conseil des Cinq-Cents, eut une grande part à l'établissement du traité des poids et mesures, et à l'adoption du calcul décimal. On lui doit d'excellents mémoires sur les mathématiques, la physique et la chimie. Rentré dans la vie privée, en 1798, il établit, en Bourgogne, une manufacture de papiers peints. Né à Auxonne en 1763, mort en 1822.

Nous étions seuls aujourd'hui, et comme si M. Bernard fût venu, notre Armand s'est tout à coup pris à l'interpeller : Monsieur Bernard, vous ne vous êtes pas vanté de tout ; nous savons qu'un certain jour les Russes, assemblés sur la place d'un de leurs villages de bois et de chaume, vous dirent : Notre pays est tout rempli de meubles faits dans le vôtre ; nous voudrions bien savoir qui les fait et connaître un peu vos artisans. La réponse que vous leur fîtes, monsieur Bernard, devait être simple et même assez courte ; mais il vous plut qu'elle fût d'abord imprudente, et qu'ensuite vous dissiez ce qu'on ne vous demandait pas, pour en venir enfin à ce qu'on vous demandait. Russes, braves Russes, leur dites-vous, Dieu vous préserve de la famine, des maux de dent ; mais que Dieu vous donne notre première révolution sans autre ! Avant notre révolution, quand nous faisions un maître artisan, nous y mettions autant de façons que pour un docteur en droit ou un docteur en théologie. Vous devez vous souvenir que, par hasard, par grand hasard, un papa, ou prêtre grec du rite latin, se trouva là ; les mots de docteur en théologie redoublèrent son attention, ce qui redoubla l'attention générale.

Hommes des villages, hommes des villes, leur dites-vous, si en France vous vouliez, avant le 14 juillet de notre célèbre année 1789, que vos fils fussent artisans, eh bien ! chacun d'eux devait, par acte inscrit au greffe des apprentissages, donner de son argent quatre, six, douze, quatorze cents francs, et de son temps, trois, quatre, cinq, six ans, après lesquels il recevait, avec son salaire journalier, le beau titre de compagnon, en même temps qu'il restait plus ou moins de mois ou d'années, dernier, avant-dernier, second, premier garçon de la boutique, où le maître, qui portait l'antique titre de bourgeois, citoyen de la cité, s'asseyait sur une plus haute forme, sur un petit trône dominant les siéges inférieurs. Vous voudriez savoir si ces nombreux petits rois avaient des marques distinctives. Oui, certes, ils en avaient; mais ce n'était pas, il s'en faut, celles de nos premiers rois francs : car leur tête était rasée, et lorsque vous entriez dans une boutique, vous vous adressiez toujours à la tête portant perruque, bien qu'elle fût souvent la plus jeune. De même que, dans la boutique, la perruque marquait la hiérarchie parmi les ouvriers, la forme de la perruque la marquait, au dehors, parmi les métiers différents. Parliez-vous à un maître dont la perruque n'était terminée que par un seul tour ou boucle simple de cheveux, vous parliez à un maître cordonnier ou à un maître tailleur; parliez-vous à un autre maître qui en eût deux, vous parliez à un orfévre, à un horloger ; à un autre maître qui en eût trois, c'était à un maître fourreur, à un maître apothicaire. Le perruquier, le plus spirituel, le plus espiègle des artisans, qui d'ailleurs faisait les perruques les plus honorables, frémissait de voir son visage emprisonné dans une perruque à deux simples tours; aussi, dès que la mode des bourses à cheveux vint, s'empressa-t-il d'adopter les perruques à bourse.

Quand Salomon vit sortir de la chapelle des cordonniers les confrères du grand saint Crépin, c'est-à-dire les maîtres, ensuite les confrères du petit saint Crépin, c'est-à-dire les garçons, il fit le proverbe : Vanité des vanités !

Dans plusieurs villes, les cordonniers, sous le nom de frères cordonniers, s'étaient pour ainsi dire cloîtrés ; notre langue aurait pu conserver le vieux mot monastérisés. Ils portaient un manteau noir, et, ce me semble, une espèce de rabat de toile blanche. L'Assemblée constituante, avant de détruire cette république laborieuse, industrieuse, sobre, eût dû y regarder à deux fois ; elle n'y regarda pas à une, elle ne vit point que par leur vie réglée, chrétienne, ces bons frères étaient l'exemple, le modèle des nombreux et souvent indisciplinés gens du métier.

J'ai parlé des trônes et des rois qu'on voyait dans ces rangées de boutiques qui bordent les rues ; mais parmi ces trônes, ces rois, il y avait un trône plus élevé sur lequel s'asseyait le roi des rois, le garde, le grand garde, le garde général. Les gardes, lorsqu'il n'y avait pas de prud'hommes, étaient les juges ordinaires, conservateurs, policiels, des artisans, juges jugeant toujours expéditivement et en connaissance de cause. Aujourd'hui ces procès sont portés devant les municipalités et les tribunaux de commerce, qui se coudoient pour savoir à qui jugera.

Il faut maintenant vous dire, bons Russes, qui désirez de bien connaître nos artisans, que, parmi cette longue série de corps de métiers, il y avait des arts qu'on pourrait nommer arts féminins, où, à l'imitation des arts virils, étaient aussi des gardes-jurées, des maîtresses-jurées, des adjointes, des locataires : car vous saurez encore que, dans certains métiers, celui de perruquier entre autres, le métier, ainsi qu'une charge de magistrature, était transmissible; les héritiers vendaient les lettres anciennement concédées, ou quelquefois les louaient.

Le programme de la réception des aspirants dans les arts virils, dans les arts féminins, était souvent comique, et souvent l'exécution en était plus comique. Vous entriez dans une grande chambre, et, s'il s'agit d'une ville de premier ordre, vous entriez dans une grande salle bien vaste, et cependant bien pleine. On va recevoir un tailleur : le récipiendaire a répondu à toutes les questions sur les qualités des draps, des décatissages, les fraudes des tisserands, des drapiers, à toutes les questions sur tous les genres de coupe, de couture; le maître-garde ou le maître-syndic, le président, qui a pris un air d'importance, un air de bourgeois, de rentier, d'avocat, de noble, fait semblant d'entrer ; il s'adresse au récipiendaire : — Monsieur le maître, j'ai besoin d'un habit noir, d'un habit galonné, d'un habit brodé. Le récipiendaire, qui a rendu un salut profond pour un salut fort leste, répondant à l'examinateur, lui dit, en employant les mots les plus polis de notre langue : — Monsieur, vous avez une difformité de taille, vous avez une épaule plus haute que l'autre, vous avez une bosse; monsieur, vous êtes cependant bien fait : car, si je sais mon métier, dans quelques heures vous aurez un habit qui vous fera trouver bien fait. Monsieur, vous êtes vieux, vous voulez être jeune, c'est juste : je vous ferai un habit qui va ramener votre taille au bel âge. Monsieur, vous êtes jeune, vous voulez paraître mûr, âgé, apaiser un oncle, un père, un beau-père : je vous ferai un habit mûr, pour ainsi dire âgé.

Ensuite je tire ma mesure de papier, de parchemin ou de vélin, et je prends respectueusement les dimensions des diverses parties de la personne, et, à chaque entaille, coche ou coup de ciseau, je fais une petite inclination ou petite révérence, sans regarder si on me la rend. Ensuite, la mesure prise, je plie le drap dans ma toilette ; je l'emporte et je m'en vais. Messieurs, continue le récipiendaire, j'épie surtout les nouvelles modes : car les nouvelles modes nourrissent nos femmes, nos enfants, donnent le mouvement à nos ciseaux et à nos aiguilles.

Mes amis les Russes, nous avons passé dans une autre salle ; celle-ci est peinte de grandes fleurs de lis jaunes sur un fond bleu, comme les murs d'un prétoire. Nous sommes dans la salle de réception des maîtres perruquiers. Au milieu est assis un gros homme : c'est un maître ; il a bien voulu prêter sa tête et sa chevelure, pour ne pas introduire un profane qui pût divulguer le secret de la séance. A quelques pas est le lieutenant ou sous-lieutenant du premier barbier du roi, le haut magistrat du métier ; il est en même temps valet de chambre, barbier ordinaire et extraordinaire de Monsieur ou de monseigneur le comte d'Artois ; aussi est-il en habit noir, chapeau à plumet, épée à brillante poignée d'acier. Il préside. Le fer à friser ! dit-il au récipiendaire, vêtu d'un bel habit sur lequel est tendu un peignoir blanc, propre, ayant manches et larges poches. Le fer est-il chaud ? — Oui, monsieur. — Faites, défaites les papillotes ! Voyons d'abord la grecque ! Où est le coussinet en fer à cheval pour soutenir la chevelure ? —Le voilà.—Et pour y attacher les épingles noires, les épingles doubles ? — Les voilà. —Faites vos boucles !

Faites-les à la montauciel, en aile de pigeon.—Les voilà. Je me souviens, messieurs les Russes, je me souviens que, lorsque j'étais étudiant en droit, là en était la frisure. Vint la révolution, qui dépoudra toutes les têtes ; mais au 9 thermidor la poudre reparut. La coiffure à l'enfant, les cadenettes, les oreilles de chien, assortirent successivement les habits carrés ; et maintenant, au moment où je vous parle, la poudre vient encore de disparaître. Je ne sais, ou plutôt je sais pourquoi, la nouvelle monarchie qui semble éclore n'en veut pas. La coiffure annelée, la coiffure à la Titus, il faut en convenir, est véritablement impériale.

J'ai été à même d'entrer dans les diverses réunions ou divers bureaux d'arts et métiers ; j'ai vu faire toutes sortes de maîtres. J'ai assisté à des réceptions très-savantes, comme celles des horlogers, qu'on interrogeait sur la pondération, l'élasticité des corps, sur les forces mouvantes. D'autres m'étonnaient par leur magnificence ; telles étaient celles des orfévres, des brodeurs en paillettes, en perles fines. Toutes ces réceptions, quelque simples qu'elles fussent, offraient des scènes très-variées. Je me rappelle surtout avec grand plaisir celles des maçons, des charpentiers, des menuisiers, des cordonniers. Je me demande, sans pouvoir me répondre, comment, parmi nos désœuvrés de gens de lettres, il n'est venu à la tête de personne de faire un recueil de tableaux de réception des maîtres, précédés ou accompagnés de notices historiques, encore moins de faire l'histoire des corps de métiers. Ce n'est pas qu'à cet égard on n'ait quelquefois, par échappées, pris les devants ; mais les imitateurs ont aussitôt servilement suivi les vestiges qu'ils ont trouvés et qu'ils ont déformés par leur grossière et lourde chaussure. Ah! le plagiat est un vol, et le vol chez vous, sous quelque nom que ce soit, est puni du knout. Heureux Russes! heureux Russes!

Que les historiens qui dans les âges futurs voudront faire l'histoire des arts sachent ceci : les artisans ont été moins honorés dans notre philosophique dix-huitième siècle que dans aucun autre : car, même dans l'Encyclopédie, on ne parle jamais d'eux qu'alors seulement qu'ils ont les outils à la main; car le sans-culotte Diderot, qui était fils d'un coutelier de Langres, qui était auteur de tant d'articles sur les arts, ne s'est pas allié aux artisans, et a fini, comme Voltaire, par s'allier aux comtes et aux marquis.

Cependant faut-il leur dire aussi que de nos jours nous avons vu trois princes en même temps porter la couronne et ceindre le tablier : le grand Peters (1), qui a illustré le chantier de Saardam ; Joseph II, qui sans doute chez lui comme dans les auberges de France faisait lui-même la cuisine : allez à Paris le demander au maître du premier hôtel de la rue de Tournon, à droite, en entrant, du côté du Luxembourg, allez le demander aussi à l'aubergiste du port de Cette, de qui je le tiens; et Louis XVI, qui reliait, qui forgeait; qui reliait, à telles enseignes que j'ai

(1) Il s'agit ici du czar Pierre le Grand, élevé au trône de Russie en 1669. Pierre visita les nations policées de l'Europe pour s'initier à leurs sciences et à leur industrie. Il se rendit en Hollande, en 1697, et se fit inscrire sous le nom de Peters Michaïlof dans les chantiers de Saardam, où il travailla comme simple charpentier pour apprendre la construction des navires. Il visita la France en 1717 et mourut en 1725. — L.

trois volumes in-quarto, maroquin noir, reliés incontestablement de sa main ; qui forgeait aussi, à telles enseignes encore qu'étant allé à Fontaine-le-Port, près Melun, on m'offrit de me vendre un joli petit clos de vignes, avec une maisonnette renfermant la forge où, dans ses vieux jours, venait encore s'exercer l'ancien maître serrurier instructeur de Louis XVI. Il y avait lieu de s'étonner, et je m'étonnai d'abord que, dans les dernières années de la vie si infortunée de ce prince, on ne l'ait pas engagé à aller publiquement forger au faubourg Saint-Antoine ; on craignait peut-être que quelqu'un dît : Ah ! sans doute, il forge ; mais il forge nos fers !

Qu'on réfléchisse bien avant de me faire d'autres objections ; qu'on ne me dise pas que les écoles des métiers ont été nouvellement établies, car je répondrais qu'elles datent au moins du seizième siècle, que celles que nous venons d'établir sont ridiculement placées, qu'elles devraient l'être à Lille, à Paris, à Lyon et à Toulouse. D'ailleurs ces grandes écoles en ont-elles produit de petites plus à la portée de nos jeunes artisans ?

Oui, dirai-je encore à notre dix-huitième siècle ; oui, vous avez élevé dans l'ancienne abbaye de Saint-Martin, le temple des arts, le Conservatoire ; mais c'est un feuillet de l'histoire actuelle, qui n'est pas précédé des feuillets des âges précédents. Vos charrues, vos faux, sont-elles précédées de charrues, de faux du moyen âge ? Autant j'en dis pour tous les instruments, pour tous les outils d'art, pour toute l'historique succession de leurs produits : où sont les meubles, les habits de nos ancêtres ? Ah ! j'ajouterai surtout que la justice et la reconnaissance cherchent inutilement, sur des cartouches du plat des murailles, les noms des inventeurs des arts, des méthodes, des perfectionnements, les noms de tous les grands artisans (et c'est, je crois, pour la première fois que ces deux mots se joignent), les noms de ces grands artisans qui ont décoré, enrichi et illustré la France.

Oui, oui, dirai-je aussi aux avocats du dix-huitième siècle, vous avez institué l'exposition du produit des arts; mais est-elle annuelle, ou du moins bisannuelle? mais y a-t-il des croix attachées aux prix, ou quelque signe qui brille perpétuellement sur la poitrine des vainqueurs? car leurs marteaux et leurs limes ont vaincu des milliers de marteaux et des milliers de limes.

Sans doute aussi vos brevets d'invention, s'il ne fallait remplir d'argent la main du fisc, et s'il ne fallait en remplir d'autres, vos sociétés d'encouragement, si elles étaient plus nombreuses, pourraient être, mais ne sont pas, du moins encore, de bonnes institutions.

N'êtes-vous pas assez convaincus que notre philosophique dix-huitième siècle n'a pas honoré les artisans, écoutez ce notaire : Par-devant nous ont comparu M. Denis, marchand tailleur, et M. Simon, marchand cordonnier. Un graveur porte à un horloger son adresse gravée sur une carte. L'horloger est d'abord tout content, et sourit de voir son nom encadré dans des guirlandes de grandes et de petites fleurs; mais bientôt ses yeux s'irritent, s'allument; il lit : Gautier, horloger, rue... On trouve chez cet artisan... Artisan? aveugle! — Monsieur, j'ai lu comme cela. — J'avais écrit, et vous auriez dû lire artiste!

Mais vous, monsieur, êtes-vous artiste ou artisan? — Monsieur, tout le monde sait qu'un graveur est artiste.—Eh bien! monsieur, sachez que l'horloger est cent fois moins artisan et cent fois plus artiste. L'orfévre, le fourreur, sont à cet égard encore plus chatouilleux ; le luthier, le relieur, encore plus. Allez dire au pâtissier, au cuisinier, qu'ils sont des artisans, et vous verrez quels plats ils vous serviront. Depuis que le droguiste s'est fait apothicaire, médecin, il n'y a pas moyen de composer avec lui ; il y en a encore moins à composer avec les femmes : dire à une lingère, à une brodeuse, qu'elles sont artisanes, c'est vouloir se faire arracher les yeux et la langue.

L'homme de lettres, aussi chatouilleux pour son ami que pour lui-même, masque aussi le nom d'artisan. Ce célèbre auteur, dit-il en parlant du père de son ami, est le fils d'un honnête maçon, d'un honnête charpentier : honnête est une injure à ces honorables et nobles noms d'artisan.

Nos pères étaient, je vous assure, bien plus révérencieux; aux quatorzième, quinzième siècles, et aux siècles suivants, c'était sous les drapeaux ou bannières des artisans que tous les habitants des villes étaient classés.

Ah! dirai-je aux artisans, n'ayez donc plus peur de votre nom d'artisan ; n'ayez donc plus peur du nom de boutique ; ne l'appelez plus magasin.

Du reste, on ne peut se dissimuler que maintenant, dans les classes inférieures de la nation française, il n'y ait une générale tendance vers la dignité; c'est du moins incontestable pour les villes : tant mieux, et plût à Dieu qu'il en fût de même pour les campagnes, et qu'ainsi que parmi les artisans des villes on n'entendît parmi les paysans que les mots de monsieur, madame, mademoiselle.

Contestez encore, j'en dirai davantage. Obstinez-vous à soutenir que notre dix-huitième siècle a honoré les artisans, je rappellerai que les jésuites, qu'on n'accusera pas sans doute de méconnaître ni leur monde ni leur temps, ont eu dans leurs maisons, jusqu'à leur destruction, deux congrégations, la congrégation des messieurs, la congrégation des artisans. Je ne sais trop ce qu'il fallait pour être de celle des messieurs, mais je sais bien qu'il fallait ne pas être artisan.

Quand notre révolution vint, les artisans étaient aux prises avec la féodalité. Le seigneur de Bellombre, à qui un verrier était tous les ans obligé de faire hommage d'un beau verre de cristal, avait tiré la verrée de vin que de son côté il était tenu de lui donner ; mais il fut obligé de la boire, car le verrier, entendant les acclamations générales de la liberté, ne passa pas le pont-levis, et remit le verre dans son chariot.

Les artisans étaient aussi en même temps aux prises avec les officiers de la couronne. Les boulangers, qui devaient payer au grand-chambellan un droit assez considérable, étaient fort en peine le 13 juillet 1789 ; le 14, ils ne durent plus rien.

Quand notre révolution vint, elle s'imprégna de l'esprit du jour, de l'esprit de destruction entière, et déchira tous les statuts des artisans. Mais qu'avaient donc fait ces statuts ? Ah ! ils étaient du treizième siècle, et ils portaient que chaque corps de métier se rattachait ses membres par des liens religieux ; que ceux qui étaient en bonne santé devaient contribuer à une mense destinée à secourir les confrères malades ou tombés dans la pauvreté. Ils portaient qu'il fallait donner quelque argent aussi pour faire chanter des offices à la chapelle ; quelque argent aussi pour entretenir, par quelques galettes, quelques verres de vin, la confraternité. Charles le Sage y avait mêlé les jeux guerriers de l'arc, de l'arbalète ; François 1er, ceux de l'arquebuse. Au feu ! au feu ! dit notre Assemblée constituante, qui sans doute sut beaucoup, mais qui, dans sa patriotique irritation, ne sut pas toujours mettre à profit les matériaux, réparer, rectifier, refondre ; et depuis, les artisans vivent isolés, dénués d'assistance.

Toutefois cette nationale auguste Assemblée nous a, en quelques six lignes, fait volontairement mille fois plus de bien qu'involontairement elle a pu nous faire de mal. O Russes ! ô mes amis ! ne craignez pas cette liberté illimitée qu'elle a donnée aux arts, qui fait que nous ne faisons jamais mal, que nous faisons bien, que nous ferons mieux, toujours mieux. Vous secouez la tête ! Ne craignez donc pas, et donnez-vous en même temps des lois sévères sur la contrefaçon des marques particulières à chaque fabrique ; ensuite rapportez-vous-en de la moralité, de l'habileté du fabricant, à l'intérêt privé : il voit bien ; il a d'aussi bons yeux en Russie qu'en France.

Eh ! ne croyez pas qu'à l'instant où le travail a été proclamé libre, d'une liberté illimitée, tout soit tombé dans la licence et le désordre ; les boutiques, les ateliers se sont ouverts, fermés comme à l'ordinaire, et comme à l'ordinaire les mêmes maîtres sont demeurés maîtres, les mêmes garçons, garçons ; seulement il y a eu de part et d'autre plus de politesse, plus d'application ; seulement le lendemain il y a eu, au grand profit du public, nombre d'habiles et sages ouvriers qui, si l'on peut parler ainsi, se sont faits et reçus maîtres, qui ont été ouvrir des ateliers à leur compte ; le surlendemain un plus grand nombre.

. . . .

Un moment, un moment, bons Russes, mes amis, c'est bien des questions à la fois ; je répondrai à toutes.

. . . .

Il n'y a pas encore en France, mais il y aura sûrement des tribunaux de prud'hommes, composés et de maîtres et de garçons, qui régleront à l'amiable le prix de la journée des ouvriers.

. . . .

Non, il ne faut pas rejeter les machines, parce que l'homme n'est jamais plus grand que lorsqu'il met l'air et l'eau, les éléments, la nature à son service, parce que les instruments avec lesquels ces mains travaillent sont aussi des machines, que par la même raison il faudrait aussi rejeter ; et cette considération, que, les bras des hommes, des femmes, des enfants restant sans travail, la fièvre sera dans les veines du corps social, n'est bonne que pour qui a peur des mots.

. . . .

Bons Russes, un autre jour je répondrai à vos autres questions ; en attendant, je vous exhorte à vous faire une meilleure langue dans les arts ; vous le pouvez, puisqu'ils sont chez vous encore dans l'enfance. Mais surtout ayez une grande, belle, riche, industrieuse, renommée ville de Lyon; et n'ayez pas trois ou quatre conventionnels qui la bombardent, qui démolissent les plus beaux ateliers de l'univers, qui mitraillent, avec les nombreux marchands, les plus nombreux artisans, qui mitraillent la fortune de la France. .

LES PRIX COMPARÉS

M. Touzelain-Touzel est d'un âge où, quand on veut se marier, il faut se décider sans plus attendre. On lui compte au moins quarante-cinq bonnes années. M. Touzelain-Touzel est un bon bourgeois des comédies de Molière qui, ayant tardé cent ans à naître, est venu vivre parmi nous.

Il s'est épris d'une belle passion pour une jeune demoiselle, riche seulement de deux beaux yeux. Il alla, je vous parle de quelques semaines, consulter sur son projet de mariage un de ses amis, qui lui en fit assez longuement considérer les diverses dépenses. Ils furent d'accord sur certaines, et non sur toutes.

Son ami lui disait : Vous avez beau vous récrier, il faut vous mettre comme un homme qui s'appelle M. Touzelain-Touzel. Le gros drap de Carcassonne, à 20 francs l'aune, ferait crier tout le monde. Vous ne pouvez porter du drap inférieur à celui de 20 francs le mètre, j'entends un beau drap d'Elbeuf.

La façon de l'habit, gilet et culotte ou pantalon, 15 francs plutôt que 12.

Votre chapeau doit être aux trois quarts poil de lièvre d'hiver; prix : 15 francs au moins.

Vos souliers pointus et décolletés vous coûteront au moins 5 francs.

Il ne vous servira de rien de pouvoir marchander, vous payerez vos bottes 15 francs ;

Les bas de coton 50 sous ;

Les bas de soie 8, 9 francs ; ils seront de Nîmes s'ils sont bons.

Il vous faut une robe de chambre ou de serge : ce sera 4 francs l'aune ; ou de Calmouck : ce sera 5 francs.

Mais quoi ! les paroles, m'a-t-on dit, sont données. La demoiselle a appris son menuet du roi de Prusse (glissez, marchez), son menuet Congo, les rigodons, les pas de côté ; et, m'a-t-on dit aussi, la faiseuse a été chez le marchand lever les robes des quatre saisons. — Les robes des quatre saisons? — Des quatre saisons. Oui, heureux de ne pas être dans une grande ville, où il faudrait des robes des quatre parties du jour, du négligé du matin, de la promenade de onze heures, de la troisième toilette de l'après-midi, de la grande toilette du soir.

Félicitez-vous ; toutefois vous ne payez pas moins l'aune de taffetas 5 francs ;

L'aune de satin 9 francs ;

L'aune de damas broché 12 francs ;

L'aune de velours 12 francs.

Mais, disait M. Touzelain-Touzel, comment donc les toiles de coton peintes de si jolis bouquets, et qui cependant ne coûtent que 5 ou 6 francs l'aune, ne suffisent-elles pas? Ah! répondit son ami, c'est que la mode veut patriotiquement relever les fabriques de Lyon. Voilà pourquoi on ne veut ni satin ni pelure d'oignon, à 4 francs l'aune, ni petites étoffes chinées, tigrées, faïencées, qui ne coûteraient guère plus.

Il faut maintenant compter avec la rubanerie des tissutiers de Saint-Étienne. Les rubans de satin uni, si vous voulez aller jusqu'au nº 22, valent 10 sous l'aune;

Le passefin, si vous voulez aller au nº 11, vaut 12 sous;

Les rubans brochés, même numéro, 14 sous.

Votre femme sourira, sera tout aise de vous voir si savant.

Monsieur! continuait son ami, vous avez entendu parler de madame Bertin? — Non. — C'était la modiste de Marie-Antoinette. Mais, du moins, vous savez ce qu'est madame Raimbaud? — Pas davantage. — Madame Raimbaud, rue Richelieu, dont la salle aux grandes glaces est la salle du tribunal souverain des modes, où l'on décide de la vraie place d'une agrafe, de l'effet d'un pli, où l'on pose une plume, un petit rameau de fleurs, une dentelle, avec une plus profonde réflexion qu'un amiral de France dispose les mâtures et les voiles de sa flotte, est aujourd'hui, sous votre bon plaisir et celui de bien d'autres, la souveraine reine de la mode. Elle dirige, dans tout le monde, dans toute l'Europe, dans toute la France, comme dans tout Paris, les innombrables blanches mains qui fouillent dans la bourse de tous les maris, c'est-à-dire les mains de nos belles faiseuses de parures. Aidée de l'habile artiste Leroy, madame Raimbaud a, dans le temps, donné plusieurs éditions des perruques à tire-bouchons, qu'elle a maintenant remplacées par la capote et par le joli casque de velours épinglé. C'est dans la salle aux grandes glaces qu'ont été successivement adoucies les robes de couleur tranchante par la superposition des robes de gaze ou de clair linon, qu'ont été successivement ajustées les robes-doliman, les robes-camises, les robes-tuniques, les robes à la prêtresse, les robes de crêpe à longue queue traînante, les schalls palmés, les ridicules ou sacs brodés, les éventails à paillettes, à lames de cèdre odorant, les gants brodés, les souliers à cothurne, et les cent mille autres millions de pièces de l'actuelle armure féminine, qui peut-être n'occupent pas moins, qui peut-être occupent plus de mains que les nombreux fusils de nos armées. Ah ! vous ne savez pas ce qu'est madame Raimbaud ; vous le saurez ! vous le saurez ! — Mais, lui répondait M. Touzelain-Touzel, il y a encore dans notre ville d'honorables anciennes maisons dont la mise simple est toujours exemplaire. — Ne vous y fiez pas, votre femme sentira qu'elle porte vos deux noms et voudra toujours être élégamment parée.

Comptez aussi que la famille viendra. Combien y en a-t-il de ces marmots ? Cinq, six ? Ce sera dix, douze petits souliers, dix, douze petits bas de toute grandeur, cadet, fillette, enfant. Mais avant tout, que de petits habits, que de petites chemises!

L'aune de londrin coûte 12 francs ;

L'aune de fort droguet, 6 francs ;

L'aune de molleton, 8 francs.

L'aune de toile d'Auvergne ne coûte à la vérité que 3 francs. Vos enfants porteront aussi vos deux noms et on achètera pour eux une toile de Grenoble ou de Normandie de 5, 6 francs l'aune, qui, dans quelques années, ne sera plus que du chiffon de 1 sou, 2 sous la livre.

J'ai passé par où vous voulez passer, et, comme bien d'autres, je dédaignais de songer aux jarretières. Tous les gens de ma maison allaient en prendre sans compte ni mesure ; au bout de l'an il me fut présenté par le marchand un mémoire de jarretières camelotées, fines, festonnées, à 14 francs la douzaine, tandis que celles de Sedan écarlate ne coûtaient que 6 francs. En ménage, il faut tout compter, même les jarretières.

Vous n'êtes pas assez effrayé, je suis effrayé pour vous de votre nouvelle salle à manger.

Le gibier de Louis XIV était un tiers de prix moins cher que le gibier de la République, et je suis persuadé que le grand Condé ou le maréchal de Villars mangeaient à un tiers et peut-être à une moitié moins un belle hure de sanglier, qui aujourd'hui coûte 36 francs au général Bernadotte ou au général Soult.

Comptez que le grand roi faisait piquer ses lapereaux, ses pigeonneaux, avec du lard qui ne lui coûtait que 6, 8 sous la livre, qui aujourd'hui coûte au premier consul 15 et peut-être 16 sous.

Il en est de même du poisson frais, du poisson salé. La morue est aujourd'hui à 5, 6 sous la livre. A la fin du siècle dernier, la célèbre mère Agnès du Port-Royal la payait un tiers de moins.

Bien des articles, sachez-le, ont éprouvé des progressions encore plus fortes, notamment les denrées coloniales. Le sucre est, la livre, à 2 francs 50 centimes.

Le café est à 3 francs 50 centimes.

Le cacao est à 2 francs.

Convenez que le riz se vend jusqu'à 7, 8 sous la livre, et je conviendrai que la pinte de vinaigre n'est qu'à 5, 6 sous, et la livre de sel qu'à 1 sou.

Par ses élèves et les élèves de ses élèves, madame Raimbaud gouverne toutes les toilettes du monde. Par ses élèves et les élèves de ses élèves, le grand Carême gouverne aussi toutes les casseroles, tous les fourneaux, tous les fours, tous les offices, tous les buffets du monde. Quel beau coup d'œil que celui d'une table ordonnée par un de ces Carêmes, que vous aurez appelé chez vous ! Elle offrira l'expérience, la science des siècles précédents, revue, corrigée par le bon jugement, le bon sens du nôtre, qui emploie en bien moindre quantité, mais qui cependant emploie.

Le poivre, prix 90 centimes la livre ;

Le gingembre, prix 1 franc la livre ;

Le girofle, prix 10 francs la livre ;

La noix muscade, prix 15 francs la livre.

Ce n'est pas trop que six livres de tabac par an pour M. Touzelain-Touzel; ce n'est pas trop que de mettre la livre à 2 francs.

Folie à un nouveau marié de vouloir brûler de la bougie à 50 sous, 3 francs la livre; mais folie plus grande de vouloir, par une imprudente économie, brûler, comme dans un certain pays, de la chandelle de résine à 6 sous la livre, au lieu de la resplendissante belle chandelle de suif de mouton à quatorze sous. Un nouveau marié ne peut mieux faire que d'éclairer sa maison. Ah! monsieur Touzelain-Touzel, n'y voyez pas! et vous verrez!

Allons, inventorions un peu les provisions de cette nouvelle maison mâle et femelle que pour vous l'hymen va ouvrir :

Il y a de bon savon de Marseille à 12 sous la livre;

De la laine de suint à 1 franc 25 centimes la livre;

De la laine lavée à 2 francs 10 centimes la livre;

De la laine filée à 3 francs 15 centimes la livre;

De la soie écrue à 30 francs la livre;

De la soie filée à 36 francs la livre;

Du coton en rames à 2 francs 50 centimes la livre;

Du coton filé à 4 francs la livre;

Du chanvre à 80 centimes la livre;

Du lin à 1 franc la livre;

Du crin de matelas à 2 francs la livre.

Je n'cse vous parler des meubles. La parure d'une maison coûte aujourd'hui plus que la maison.

Le monde vous forcera d'avoir des papiers damassés, lampassés, veloutés. Vous vous seriez contenté de papiers satinés ou de papiers tontisses.

Il vous demandera des glaces de six pieds, du prix de 800 francs, et des glaces d'une grandeur décroissante.

Il vous demandera la nombreuse et complète famille de siéges : un sopha, une ottomane, un canapé, une dormeuse, une chaise longue, une bergère, douze fauteuils, six tabourets. Le prix en est d'environ 2,000 francs, à prendre ou à laisser; mais vous vous mariez et c'est à prendre. D'ailleurs on vous rend deux et peut-être quatre carreaux à glands.

Je ne parle pas des feux garnis en ornements d'or moulu, et du prix de 200 francs, 180 pour ne pas marchander ;

Ni des pendules à répétition ornées de statuettes d'albâtre, de bronze doré, 600 francs, 800 francs ;

Ni du grand tapis de pied velouté façon de Turquie, 1,500 francs, 2,000 francs.

Mais quoi ! vous demeurez stupéfait? Et le grand piano de Pape, meuble obligé pour les doigts de tous les désœuvrés qui font semblant de connaître le clavier; prix fait, 1,500 francs, si vous ne voulez pas de ceux de 2,000, dont cependant, il faut que vous le sachiez, les basses et les pédales sont bien plus retentissantes, bien plus sonores.

Et vous n'avez pas fini, et vous n'avez pas commencé avec les lustres, dont chacun vaut ou coûte 100, 200, 500 ou 1,000 francs;

Avec les rideaux de chaque croisée et leurs draperies, du prix de 50 à 60 francs pour chacune.

Et ce ne sont là que les meubles, une partie des meubles d'une salle, d'une seule pièce.

Et vous avez à meubler en acajou, en palissandre ou en bois de rose, tous les appartements.

Un lit d'acajou avec ses ciels, ses traversins, ses coussins, ses matelas, ses sommiers, ses couettes de plumes, n'est pas cher à 1,000 francs, même à 2,000 francs.

Ajoutez la commode à 200 francs; — la psyché à 80, ou si vous voulez 100 francs; — la toilette à 250 francs; — le chiffonnier à 200 francs; — le bureau à 200 francs; — le porte-bassin à 40 francs.

Pour le moment, je vous fais grâce de la sellerie et de la carrosserie; mais votre femme ne vous en fera pas grâce.

N'oublions pas le papier dans une maison où peut-être naîtra bientôt une jeune et nombreuse famille à élever. La rame de papier cloche vaut 22 francs; — celle de tellière, 13 francs; — celle de coquille fine, 20 francs; — celle de carré fin, 22 francs, — celle de grand-raisin, 30 francs.

J'ai entendu parler de femmes qui se sont passées de pain, jamais de femmes qui se soient passées d'épingles. Vous payerez donc le millier d'épingles blanches pour le fichu 25 sous, et celui d'épingles noires pour la frisure à divers prix, attendu que les unes sont doubles, les autres simples.

Celle qui doit porter le nom de madame Touzelain-Touzel est, dites-vous, fort belle; si cela est, je la maintiens fort distraite. Que de faïence elle cassera! La douzaine d'assiettes coûte 4 francs. — Que de porcelaine elle cassera! Le cabaret assorti, consistant en vingt-quatre tasses, soucoupes, bols, sucrier, théière à filets d'or, coûte 30 francs. — Que de cristaux! bien que la douzaine de gobelets coûte 10 francs et la carafe de cristal taillée, 4 francs.

Il y a, je le sais, moyen de se passer de tous ces vases fragiles : c'est d'avoir de la vaisselle plate à 50 francs le marc.

Il y a moyen aussi de se passer de tout cet argent qui demeure mort : c'est d'avoir le plaqué ou similargent, comme on a du similor.

La livre de cuivre rouge, plané, ouvré, coûte 2 francs. Voyez à combien j'aurais pu vous porter les batteries de cuisine, où le fer de fonte, le fer battu, ne peuvent que difficilement remplacer en tout le cuivre.

Vous pourriez ici me dire que les plaques de feu sculptées, armoriées, dont il vous plairait assez, à vous, de vous servir, ne vous coûteraient que 10 francs, la moitié de celles qui sont unies, parce qu'on craint encore toujours que la municipalité vienne troubler votre dîner pour voir s'il n'y a pas qu lque signe féodal derrière la marmite.

Un ancien maître d'hôtel demanda un jour quelle était dans un ménage la plus grande de toutes les dépenses. On mentionna à peu près toutes celles que je viens de faire passer sous vos yeux. Non, non ! reprit-il avec la voix forte d'un homme expérimenté, c'est celle du combustible. Dans les pays les mieux boisés la corde de bois neuf se vend 30 francs ;

Celle de bois flotté, 40 francs ;

Le fagot 3 sous ;

La bourrée, 2 sous ;

Le quintal de charbon de bois, 2 francs ;

Le quintal de charbon de terre, 1 franc.

Voyez, monsieur Touzelain-Touzel, à combien de dépenses est donc tenu un homme qui s'est marié. J'en ai omis une. J'ai dit combien coûtait la livre de chanvre, mais je n'ai pas dit qu'au cas où les mémoires des artisans ou des marchands vous donneraient envie de vous pendre, le prix de la bonne corde serait de 14 sous la toise.

SUPPLÉMENT

L'INDUSTRIE FRANÇAISE

AU DIX-NEUVIÈME SIÈCLE

SUPPLÉMENT

L'INDUSTRIE FRANÇAISE

AU DIX-NEUVIÈME SIÈCLE

Dans les pages qui précèdent, Monteil est arrivé au seuil même des temps où nous vivons. Il nous a fait connaître le passé ; nous allons à notre tour, avant de nous séparer du lecteur, lui donner quelques renseignements sur le présent ; il s'agit d'industrie, et nous ne pouvons mieux faire que de procéder comme les industriels, en inventoriant les récentes acquisitions qui ont augmenté notre fortune (1).

(1) On a fait, au sujet de quelques-uns des objets que l'homme met en œuvre pour la satisfaction de ses besoins, des calculs approximatifs, dans le but de déterminer la progression qu'avait suivie la puissance productive, depuis l'origine des temps historiques ou depuis la naissance de l'industrie spéciale de ces objets. On a pu constater ainsi deux choses :

1° Que le changement est très-grand : de 1 à 10, à 100, à 200, à 1,000 et plus;

MOTEURS A VAPEUR.

Les premiers moteurs de ce genre ont été employés en France sous le nom de *pompes à feu* vers 1816. A cette époque on les achetait en Angleterre. Aujourd'hui on les construit chez nous, et ils n'ont rien à envier a nos voisins.

Exclusivement appliqués jusqu'en 1830 environ aux industries du tissage, ils servent maintenant à la mise en œuvre du fer et de l'acier sous toutes les formes, y compris les armes à feu et les cuirasses des vaisseaux, au sciage des bois, à la fabrication des parquets, au battage des grains, à la fabrication des sucres, de l'alcool, des vinaigres, à l'extraction des métaux, à l'épuisement des mines, des rivières, des marais, à l'élévation des eaux, à la minoterie, à l'imprimerie, etc.

Appliquée à la locomotion, la vapeur nous a donné

2° Que, dans les cent dernières années, même dans le dernier demi-siècle, la transformation est infiniment plus marquée que dans aucune autre période antérieure.

Pour la mouture du blé, depuis le temps d'Homère, le progrès de la puissance productive paraît être de 1 à 150 environ. Pour la filature du coton, depuis un siècle seulement, il est beaucoup plus fort. Si l'on avait dû faire à la main tout le filé de coton que fabrique l'Angleterre en une année, au moyen de ses métiers *self-acting* ou automoteurs, qui portent jusqu'à 1,000 broches, — c'est-à-dire qui font 1,000 fils à la fois, — il aurait fallu 91 millions d'hommes, soit la totalité de la population de la France, de l'Autriche et de la Prusse réunies.

Rapports du Jury International. Introduction par M. Michel Chevalier. Paris, 1868, p. 22-23.

nos quatre réseaux de chemins de fer, et de magnifiques flottes de guerre et de commerce ; et c'est à la France qu'appartient l'honneur d'avoir porté au degré de perfection où elles sont arrivées les deux machines qui impriment le mouvement aux trains des chemins de fer et aux navires à vapeur, c'est-à-dire la locomotive et l'hélice. La première locomotive fut construite en 1815 par l'anglais Stéphenson; cette machine fonctionnait avec régularité, mais elle atteignait à peine une vitesse de six kilomètres à l'heure. En 1829, M. Séguier imagina de faire traverser la chaudière où l'eau se vaporisait par quarante-trois, puis soixante-quinze et quelquefois même cent vingt-cinq tubes d'un petit diamètre, dans l'intérieur desquels circulait de l'air chaud, ce qui augmentait la surface de chauffe, et par conséquent la force de la vapeur qui était produite à tout instant en plus grande quantité. Grâce à ce perfectionnement, les trains ont acquis la vitesse prodigieuse que nous leur connaissons aujourd'hui, et ce perfectionnement appliqué aux machines fixes a plus que sextuplé leur force. Quant à l'hélice, elle a été inventée vers 1835 par M. Sauvage, qui a usé, comme la plupart des inventeurs, ses ressources et sa vie pour la faire adopter.

TÉLÉGRAPHIE ÉLECTRIQUE.

En 1822, l'illustre Ampère, dans le mémoire intitulé : *Exposé des nouvelles découvertes sur le magnétisme et l'électricité,* énonça la proposition que l'on pouvait se servir de l'action de la pile sur l'aiguille aimantée pour transmettre des indications à longue distance, et c'est de là qu'est sortie la télégraphie électrique. Cette merveilleuse application de la théorie scientifique est trop connue pour qu'il soit besoin d'en parler longuement; il suffit d'en indiquer le point de départ et d'en réclamer la priorité pour la France.

APPLICATIONS DIVERSES DE L'ÉLECTRO-MAGNÉTISME.

Pour ces applications, nous indiquerons dans ces dernières années les essais des métiers électriques, les sonneries électriques, l'éclairage électrique et la galvanoplastie. C'est à la galvanoplastie que sont dus la reproduction presque instantanée des médailles, des planches typographiques et des statuettes, les procédés de dorure et d'argenture si populaires aujourd'hui sous le nom de *procédés Ruolz et Elkington*, ainsi que la préservation du fer contre la rouille, le bronzage des fontaines monumentales de la place de la Concorde et de la place Louvois à Paris, et les devantures en tôle inoxydable des plus beaux magasins de la capitale.

PHOTOGRAPHIE.

L'invention de la photographie, qui consiste, on le sait, à fixer l'image des objets sur une plaque ou du papier, est due à un Français, M. Daguerre; de nombreux perfectionnements ont été faits par MM. Mayer et Pierson, qui ont trouvé le moyen d'appliquer la photographie, grandeur naturelle, aux toiles préparées pour la peinture; par MM. Niepce de Saint-Victor et Pierson qui sont arrivés à reproduire les photographies sur l'acier et à faire ainsi de véritables gravures dites héliographiques ; par M. Poitevin, inventeur de l'hélioplastie ou photographie en relief; par M. Dagron, auquel on doit la photographie microscopique.

IMPRIMERIE.

Les perfectionnements de l'imprimerie au dix-neuvième siècle ont porté avant tout sur les procédés de nature à rendre le tirage plus rapide, et à multiplier les exemplaires du même livre sans nouvelle composition. Le tirage a été rendu plus rapide, on pourrait même dire cent fois plus rapide, par les presses mécaniques mues par la vapeur, de même que les exemplaires du même livre ont pu se reproduire indéfiniment au moyen du clichage, c'est-à-dire d'une empreinte fixe prise sur la composition. Les presses ordinaires tirent 6,000 feuilles à l'heure : les presses Marinoni, avec 7 ouvriers seulement, en tirent 24,000.

Le clichage, en multipliant les empreintes de la composition, permet de tirer simultanément sur plusieurs presses les feuilles du même journal ou du même livre. C'est ainsi que certains journaux populaires sont arrivés, avec 24 clichés et 24 machines, à tirer 144,000 exemplaires à l'heure.

Le clichage s'est perfectionné comme le tirage, et se réduit aujourd'hui à prendre une empreinte avec du blanc d'Espagne et du papier étendus sur la composition. Cette empreinte sèche très-vite, et l'on peut y verser un métal très-fusible qui ne détériore pas le moule et se durcit immédiatement. On peut aussi, d'après le procédé de M. Martin, prendre les empreintes au moyen de la gélatine, ce qui permet d'amplifier les types lorsqu'on place le moule dans l'eau chaude où il se gonfle, et de les diminuer lorsqu'on le place dans l'eau froide où il se resserre (1).

Sous le rapport de la beauté des caractères, de la pureté des éditions, l'imprimerie française du dix-neuvième siècle n'a rien à envier au passé et rien à redouter de la concurrence étrangère. La réputation des imprimeries Didot, Paul Dupont, Claye, Simon Raçon, est aussi populaire que l'étaient dans le passé les imprimeries des Étienne et des Simon de Colines.

La découverte de la lithographie appartient aussi au dix-neuvième siècle. On trouvera plus loin quelques renseignements sur les origines de l'impression sur pierres, ses perfectionnements et ses produits.

TISSAGE.

Il suffit de rappeler les noms des Jacquard (2), des

(1) M. Michel Chevalier, Introduction aux *Rapports du Jury International* de 1867, p. 128.

(2) Jacquard, né à Lyon en 1752, mort en 1834, était le fils d'un contre-maître dans une fabrique de soierie. Ce travail pénible du tissage inspira une profonde antipathie au jeune Jacquard. A l'âge de vingt ans, il perdit son père qui lui laissa pour tout héritage son métier à tisser. Jacquard devint tisserand. Pendant le jour il travaillait à son métier qui lui donnait le pain, et pendant la nuit à sa machine qui devait lui donner la gloire.

Sa machine est l'ancien appareil à tisser la soie moins une

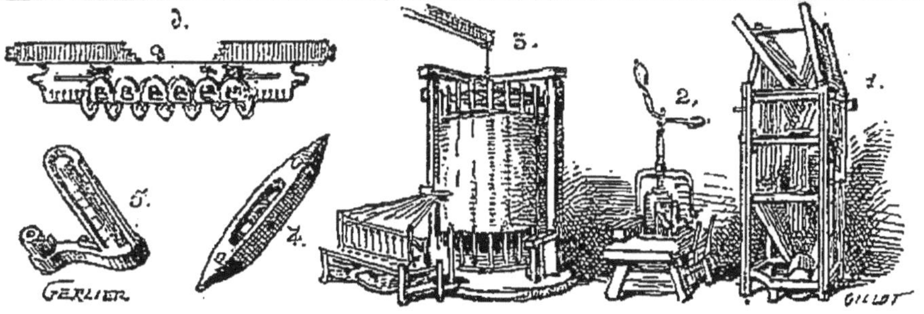

Portrait de Jacquart, tissé sur soie.

1. Moteur à tisser. — 2. Poinçon à découper les cartes de dessin. — 3. Tambour pour le dévidage de la soie. — 4. Navette. — 5. Bâton brocheur. — 6. Tamplet mécanique (nº 8094). — (Galeries du Conservatoire des Arts et Métiers.)

Richard Lenoir, des Philippe de Girard (1), pour montrer quel rang occupe la France dans l'une des branches les plus importantes de la mécanique industrielle.

Sous le premier Empire, nous rivalisions avec les Anglais pour la fabrication des duvets de cygne, des basins, des piqués, des percales, des calicots, des toilinettes, des mousselines, des velours de coton. Nous avions déjà conquis sur eux la fabrication et l'apprêt des gazes de soie et des rubans (2). Aujourd'hui, comme chacun a pu s'en convaincre par les tissus de toute sorte qui ont inondé nos marchés à la suite du traité de commerce, nous l'emportons de beaucoup par la qualité et le goût. Quelques-uns de leurs tissus sont, il est vrai, moins chers ; mais à l'usage on reconnaît vite la vérité du vieux proverbe : Rien n'est plus cher que le bon marché.

grande quantité de pièces dont il est surchargé. — Par son invention le fil de soie se présente de lui-même au tisseur, et les tireurs de lacs se trouvent remplacés. Le tisseur est aussi averti de la couleur de la navette qu'il faut lancer, et les lisseuses de dessins sont devenues inutiles.

Jacquard continua ses inventions de machines pour la fabrication des rubans et pour le tissage perfectionné. — Depuis Jacquard, son invention a reçu de notables perfectionnements qui, sans en changer le principe, font que le travail de l'ouvrier se borne actuellement à la surveillance ; le métier électrique de Bonelli remplace le choix si dispendieux des couleurs pour les dessins. — Émile With,. *Les Inventeurs et leurs Inventions.*

(1) Voir page 210 la note sur Philippe de Girard.

(2) Voir *Dict. des Productions de la nature et de l'art*, par M. Magnin, administrateur des douanes, et M. Deu ; Paris, 1809, 3 vol. in-8°, T. Ier ; Introduction, XVIII et suiv. ; livre curieux et trop peu connu, qui donne sur nos tarifs de douanes et notre industrie, au commencement du dix-neuvième siècle, les renseignements les plus intéressants et les plus exacts.

Pour l'industrie de la soie, la France est sans rivale. Les produits fabriqués représentent une valeur de plus de 500 millions dont Lyon revendique la moitié :

C'est, en effet, de cette grande ville que sortent ces merveilleuses soieries brochées, ces damas, ces satins, ces crêpes, ces châles d'un si ravissant travail qui vont parer les femmes du monde entier. Nîmes, Avignon et Tours fabriquent principalement des taffetas, des satins unis, des marcelines, des foulards ; Saint-Étienne et Saint-Chamond, des rubans unis et brochés, etc.

L'industrie cotonnière, qui comprend la fabrication des calicots, percales, rouenneries, mousselines, tulles et velours de coton, etc., est presque entièrement de création moderne. La Normandie, la Flandre sont les principaux centres de cette industrie, qui occupe, soit pour le filage, soit pour le tissage, soit pour l'impression, plus d'un million d'ouvriers, et donne des produits qui dépassent annuellement 750 millions, dont 150 exportés à l'étranger, produits qui n'ont d'ailleurs pour rivaux que ceux de l'Angleterre. La fabrication des toiles est ancienne, mais elle n'a pris d'extension que depuis une quarantaine d'années, grâce aux machines à filer le lin (1). Elle a prin-

(1) La laine peignée s'appelait sayette ; elle était filée au grand et au petit rouet, et le fil qui en résultait s'appelait fil de sayette.

Aujourd'hui, la laine, avant d'être livrée aux métiers dont les broches ont remplacé les doigts des fileuses, est soumise à de nombreuses machines préparatoires qui remplacent le travail des détricheurs et des peigneurs.

Le peignage mécanique n'a été connu en France que vers 1850 et il ne s'y est popularisé que plus tard.

cipalement pour centres la Flandre, la Normandie et la Bretagne.

Les toiles fines, batistes, linons, etc., sortent de Valenciennes, de Saint-Quentin, de Cambrai; les toiles ordinaires, de Lisieux, Guingamp, Cholet, Fécamp, etc.; les coutils et le linge de table de la Flandre; les dentelles, de Valenciennes, de Lille, d'Alençon. L'ensemble représente une valeur de plus de 400 millions.

La manufacture de laines est depuis longtemps pour la France l'une des branches les plus importantes de son industrie (1): sur toutes les places du

Ce fut en 1834 qu'eurent lieu, en Angleterre, les premiers essais du tissage mécanique, et seulement en 1842 qu'il commença à se propager.

Pendant longtemps on n'a fait faire au tissage mécanique que des tissus unis. C'était là déja un résultat très-important, et l'on était parvenu à le rendre plus important encore au moyen de plusieurs navettes, quand, en 1853, parurent les premiers appareils Jacquard, susceptibles d'être mus par la vapeur et d'être adaptés au métier mécanique.

Ce fut là toute une révolution industrielle que l'Angleterre exploita tout d'abord en grand, et dont la France ne profita qu'après elle.

Au métier Mull-Jenny, perfectionné par le métier renvideur, on put substituer le métier continu qui était comme l'accessoire obligé du tissage mécanique et qui, malheureusement, est encore trop peu répandu en France. Il exige une force motrice beaucoup plus grande, presque triple de celle nécessaire au Mull-Jenny, mais il n'a aucun des inconvénients de ce dernier. (Note communiquée par M. Jules Macqueron, inspecteur des douanes.)

(1) Les indications suivantes mettront nos lecteurs au courant de l'histoire de la filature et du tissage au dix-neuvième siècle.

La filature de la laine à la mécanique est postérieure à 1815; elle ne tarda pas à recevoir, comme force motrice, la vapeur, globe la draperie française occupe le premier rang. Elle consomme pour plus de 50 millions de kilogrammes de laines, dont moitié est importée de l'étranger, et donne une valeur de 600 millions. La filature se fait principalement à Reims, Turcoing, Roubaix, Amiens, Réthel, etc. L'industrie des laines comprend non-seulement les draps, qui se fabriquent à Sedan, Elbeuf, Louviers, Lodève, Carcassonne, etc., mais les mérinos, flanelles, alépines, mousselines et satins de laine, qui se fabriquent dans la Flandre et la Picardie ; les tapis, qui se fabriquent à Aubusson, Felletin, Abbeville (1), Amiens, Turcoing; Beauvais ; les châles de Paris et de Lyon ; la bonneterie de Picardie, etc.

qui substitua sa régularité et son action puissante au travail du cheval et aux forces insuffisantes de l'homme.

Avant la filature de la laine à la mécanique, le peignage offrait beaucoup de difficultés. On devait diviser, séparer et assortir les diverses parties d'une même toison (opération du détrichage), et telle était la difficulté du travail qu'il fallait plusieurs années d'apprentissage pour former un détricheur.

Les laines, ainsi préparées, étaient livrées aux ouvriers peigneurs qui leur donnaient la dernière préparation.

Le travail de détrichage et de peignage qui, de nos jours, est devenu si facile, si élémentaire, constituait jadis une énorme difficulté du commerce des laines, car les fileuses de cette époque, malgré toute leur habileté, n'auraient pu faire un fil régulier, si les matières qu'on leur livrait n'avaient pas subi une élaboration préparatoire très-longue et très-complète. — (*Géographie* de Malte-Brun, refondue par Lavallée, t. I, p. 617 et suiv.)

(1) L'ancienne fabrique de drap d'Abbeville, dit de Van Robais, a cessé d'exister en 1867. Les magnifiques bâtiments, construits par Mansard, existent encore ; ils sont occupés aujourd'hui par la manufacture de tapis-moquettes dirigée par M. Vayson. La fabrique de tapis-moquettes d'Abbeville est la première de ce genre qui ait été établie en France.

LITHOGRAPHIE.

La lithographie, inventée en 1796, par Senefelder à Munich, fut introduite en France par MM. de Lasteyrie et Engelmann. Elle doit à ce dernier de nombreux perfectionnements, et elle est plus redevable encore à M. Lemercier dont l'imprimerie n'occupe pas moins de deux cent cinquante personnes et fait marcher cent presses à bras. L'imprimerie nationale, grâce aux soins de l'un de ses directeurs, M. Derémesnil a aussi contribué pour une bonne part aux progrès de cette belle industrie. M. Paul Dupont a exposé de très-belles reproductions de livres rares et de vieux livres avec leur caractère de vétusté, et M. Hangard-Maugé a donné, dans les vitraux de la cathédrale de Chartres, dans les trois cent vingt planches des *Arts somptuaires*, et dans une foule d'autres publications, également remarquables, la mesure du degré de perfection et de bon marché auquel on peut atteindre par l'intelligence, la patience et le bon goût.

Exclusivement appliquée d'abord aux tirages en noir, la lithographie est devenue de notre temps une sorte d'annexe de la peinture. Sous le nom de *lithocromie*, elle donne de véritables tableaux qui ne le cèdent en rien aux plus beaux dessins des maîtres, et c'est là qu'est son triomphe. Soit donnée, par cxemple, une feuille coloriée, portrait, paysage, scène d'histoire ; chacune des couleurs est tirée successivement et séparément. Autant de couleurs, autant de pierres, dix-huit, vingt-quatre et même trente, suivant les sujets. Au moyen de points de repère ingénieusement combinés, chaque couleur s'imprime juste à sa place, au fur et à mesure que la feuille en voie de tirage est placée sur une pierre nouvelle dite pierre répérée et serrée contre cette pierre, au moyen de la presse à bras. Ce difficile travail s'exécute avec une si grande précision, qu'il est impossible de découvrir la moindre solution de continuité entre les couleurs. Outre les couleurs, on emploie aussi les poudrages, en les combinant avec elles, et c'est ainsi que dans la *Vie Souterraine*, publié par MM. Hachette, on est parvenu à reproduire au naturel les cuivres et les fers, tels qu'ils se trouvent dans les mines, et à reproduire également les pierres précieuses à l'état naturel. Chaque planche in-8° de la *Vie Souterraine* a demandé onze couleurs et six poudrages, et elle n'est revenue qu'à 33 centimes.

La lithographie a reçu et reçoit encore diverses autres applications : elle a servi à imprimer les étoffes ; à dorer la porcelaine ; elle sert maintenant, au moyen du papier autographique à reproduire les dessins tracés sur le papier, de telle sorte que les feuillets de l'album d'un voyageur s'impriment d'eux-mêmes sur la pierre, et peuvent ensuite se reproduire indéfiniment, même en couleurs, elle produit aussi de très-jolies empreintes sur porcelaine.

INDUSTRIES DIVERSES.

La tannerie, qui est l'une de nos plus anciennes industries françaises, n'est point déchue de sa prospérité ; seulement les grandes usines se sont substituées presque partout aux petits ateliers. Leurs produits ne s'élèvent pas à moins de 350 millions. Une nouvelle branche, les cuirs vernis, s'est ajoutée dans ces derniers temps aux précédentes fabrications. — Les gants de peau donnent environ 40 millions; ils se fabriquent à Paris, à Grenoble et dans le département des Deux-Sèvres. Laigle et Saint-Étienne ont la quincaillerie : Moulins, Langres, Thiers, Châtellerault, la coutellerie ; Saint-Omer, les pipes ; Paris, le Creusot et Lille, les machines; Paris, Saint-Étienne et Tulle, les armes de guerre et de chasse; Sèvres, Chantilly et Limoges, les porcelaines ; Montereau, Creil, Choisy-le-Roi, les faïences ; Saint-Gobain produit des glaces magnifiques supérieures à toutes celles de l'Europe. La verrerie, longtemps stationnaire, a fait dans ces dernières années de très-grands progrès ; elle occupe à Rive-de-Gier, à Alais, à Folembray, à Choisy-le-Roi, aux environs de la ville d'Eu, une nombreuse population ouvrière. Grâce aux progrès de la chimie, grâce aux efforts de nos savants et de nos archéologues, nous avons dérobé au moyen âge le secret de ses vitraux coloriés, et nos églises nouvelles, comme celles du treizième siècle, sont ornées de verrières splendides, qui offrent aux yeux des fidèles, dans leurs peintures lumineuses, le commentaire illustré de l'histoire du catholicisme.

Les papiers peints pour décoration d'appartements, les papiers blancs, les papiers d'imprimerie, sont l'objet d'une fabrication très-active, et qui prend chaque jour de nouveaux développements : pour les papiers peints, par suite de l'aisance des populations, qui tiennent à s'installer avec plus d'élégance qu'autrefois; pour les papiers blancs et les papiers d'imprimerie, par suite de la diffusion de l'instruction, du goût de plus en plus répandu de la lecture qui donne un grand essor à la vente des livres, et surtout par les journaux, dont le nombre s'est tellement multiplié que, d'après le calcul de l'un de nos plus célèbres imprimeurs, on pourrait mettre la moitié de la France sous enveloppe, si l'on réunissait, pour une année seulement, en les cousant l'une à l'autre, toutes les feuilles de papier qu'elle consomme. Les principales fabriques sont au Marais (Seine-et-Marne), au Mesnil, à Essonne, à Echarçon (Seine-et-Oise), à Angoulême et à Annonay.

Les produits chimiques, qui ont leurs principaux centres dans la Seine, les Bouches-du-Rhône et le Nord, représentent une valeur qui va toujours en augmentant, car chaque nouveau progrès industriel leur ouvre de nouveaux débouchés.

A cette énumération déjà si longue et cependant bien incomplète encore (1), il faut ajouter comme des

(1) Il suffit, pour justifier cette remarque, d'indiquer quelques-unes des machines nouvelles ou perfectionnées qui ont figuré à l'exposition de 1867 :

Métiers à tricot : on peut faire 80 mailles par minute; avec le métier circulaire on peut en faire 480,000. — Navires en fer, ponts en fer, rails en acier, plaques de blindage en fer pour les navires et les fortifications sur terre. — Agglomération de la houille en briquettes. — Appareils à fabriquer de la glace artificielle. — Machines à fabriquer les chapeaux de feutre, les pièces de serrurerie, à tailler mécaniquement les pierres, à faire des cigarettes, des cols-cravates, à pétrir le pain, à faire des fers de chevaux, à coudre.

Parmi les nouvelles forces motrices, nous avons l'air comprimé, qui permet de transmettre à une distance de plusieurs kilomètres la force et le mouvement fournis par une chute d'eau, acquisitions nouvelles appartenant en propre au dix-neuvième siècle le caoutchouc, l'aluminium, les lampes à courant d'air, les lampes à modérateur, la bougie stéarique, l'éclairage et le chauffage au gaz, les conserves de viande, de légumes et de lait, le blanchissage à la vapeur, l'emploi du fer dans les constructions.

INDUSTRIES PARISIENNES.

De même que dans les temps antérieurs à la Révolution, Paris marche toujours en tête du progrès industriel. Il a gardé, comme une richesse inaliénable, le monopole des objets de luxe, de goût, et les articles auxquels il a donné son nom défient tous les efforts de la concurrence étrangère. Ses bronzes, sa tabletterie, ses meubles, ses bijoux, son orfévrerie, ses montres, ses armes, ses fleurs artificielles, ses livres, ses objets de quincaillerie et de ménage, ses vêtements d'hommes et de femmes, ses coiffures sont recherchés,

et qui a été appliqué avec succès au percement du mont Cenis; l'eau sous pression, qui tantôt sert de moteur proprement dit, tantôt d'accumulateur de force vive; la machine à air chaud de M. Laubereau; les machines-outils appliquées à la scie à lame sans fin qui sert au découpage du bois et du fer; le frappeur mécanique qui fait le travail de sept ou huit enclumes; la machine de M. Denis pour faire les chaînes; la machine de MM. Evrard et Boyer pour faire les charnières; la raboteuse et le *menuisier universel* de M. Maréchal de Paris; les machines à façonner les matières argileuses; les machines de sondage et de forage de MM. Laurent et de Gousée, et de MM. Dru frères; la roue hydraulique de M. Hirn, les appareils pour la rectification des alcools de M. Savalle, etc. Le catalogue de l'exposition de 1867 peut seul donner une idée des progrès accomplis dans ces derniers temps.

on pourrait même dire admirés et enviés dans les deux mondes, et quand les étrangers ne les achètent pas, ils ne trouvent rien de mieux que de les imiter, sans jamais atteindre au même degré de perfection.

Ce n'est pas seulement par les articles de luxe et de goût, que Paris tient le premier rang parmi les grandes villes industrielles : c'est aussi par la fabrication des instruments d'optique, de mathématiques, de physique, de médecine, de chirurgie, et telle est la prodigieuse activité de ses ateliers, qu'il en sort chaque année pour 1,350 millions de produits.

Aujourd'hui, l'ensemble des valeurs créées par notre industrie nationale s'élève à plus de 6 milliards par année, et cette industrie n'occupe pas moins de 6 millions de travailleurs.

Depuis les premières années du dix-neuvième siècle, des causes très-diverses ont contribué à développer ce prodigieux essor, que n'ont ralenti, ni les guerres aventureuses et fatales du premier Napoléon, ni les discordes civiles, ni les révolutions, ni les traités de commerce préparés dans l'ombre et le mystère.

Parmi ces causes, il faut compter au premier rang la liberté du travail, qui laisse à chacun sa pleine et entière initiative, l'emploi de la vapeur, le perfectionnement et le développement de la viabilité, tant par les chemins de fer que par les routes de grande et de moyenne communication, la facilité des relations internationales, l'association des capitaux, le concours actif que la science prête à toutes les branches de la fabrication, les établissements d'enseignement professionnel, tels que le conservatoire des arts et métiers, fondé en 1794, les écoles de Châlons, d'Angers, de Saint-Étienne, les écoles municipales de dessin et de géométrie, qui existent dans la plupart des villes de quelque importance, les écoles de commerce, les sociétés d'encouragement, les expositions nationales, dont la première date de 1798 (1), les expositions universelles, qui se sont ouvertes deux fois à Paris, en 1855 avec 23,934 exposants, en 1867 avec 50,226 exposants.

Si grande que soit aujourd'hui la puissance productive de la France, ce beau pays est loin cependant d'avoir obtenu le degré de prospérité industrielle auquel il a le droit de prétendre. De vieux préjugés aristocratiques détournent des carrières commerciales une foule de jeunes gens instruits qui croiraient déroger en dirigeant des ateliers ou des usines. Nous avons dix fois plus de fonctionnaires qu'il n'en est besoin, dix fois plus d'avocats qu'il n'en faut pour

(1) Voici l'indication des années où ces expositions ont eu lieu en France, avec le nombre des exposants, jusqu'en 1844 :

1798	110	exposants.
1801	229	—
1802	540	—
1806	1,422	—
1819	1,662	—
1823	1,642	—
1827	1,696	—
1834	2,447	—
1839	3,281	—
1844	3,960	—

faire des présidents de clubs, des députés ou des dictateurs, dix fois plus de médecins que n'en réclament les malades, tandis que le personnel dirigeant de notre industrie ne répond nullement aux exigences de la situation. Les classes aisées de nos villes, au lieu de porter, comme en Angleterre, leurs capitaux vers les affaires commerciales, les immobilisent dans la terre, ou les aventurent dans des spéculations de bourse. Nos classes ouvrières, égarées par les plus déplorables sophismes économiques, se font les instruments aveugles des ambitieux qui les exploitent; elles désorganisent le travail par les sociétés secrètes, par l'Internationale, par les grèves qui ne profitent qu'à la concurrence étrangère, par les agitations révolutionnaires dont elles sont les premières victimes, car ceux qui provoquent ces agitations n'ont qu'un seul but : s'emparer du pouvoir et l'exploiter à leur profit, en abandonnant les gens crédules et naïfs qui leur ont servi de marche-pied, aux coups des réactions politiques.

Exceptionnellement favorisés par la nature, nous pouvons, si nous le voulons, être le peuple le plus heureux de l'Europe; sachons donc enfin le vouloir, et ne tuons pas, comme nous l'avons déjà fait tant de fois, la *poule aux œufs d'or*, à la plus grande satisfaction de nos voisins du Nord ou du Midi.

CHARLES LOUANDRE.

PIÈCES JUSTIFICATIVES

L'EXPOSITION UNIVERSELLE

DE 1867

PIÈCES JUSTIFICATIVES

L'EXPOSITION UNIVERSELLE DE 1867

ARGUMENT

Dans les pages qui précèdent nous avons cité la remarquable Introduction que M. Michel Chevalier a placée en tête des rapports du jury international sur l'exposition de 1867. Nous donnons ici quelques extraits textuels de ce beau travail, qui restera comme l'une des pages les plus intéressantes de l'histoire contemporaine, étudiée au point de vue du progrès économique et scientifique. Forcé de nous restreindre dans les limites qui nous sont imposées ici, nous ne pouvons qu'en reproduire quelques extraits, et nous avons choisi de préférence ceux qui se rattachaient aux industries les plus connues, aux applications les plus récentes et principalement à notre industrie nationale. Nous avons toujours cité M. Michel Chevalier, en laissant toutefois de côté un certain nombre de passages qui se rapportaient aux industries étrangères, ou à des faits spéciaux à l'exposition de 1867.

Nous avons, à la suite de nos extraits, reproduit textuelle-la conclusion qui termine le livre de M. Michel Chevalier. L'auteur y exprime, en termes éloquents, des vœux généreux qu'il n'a pas été donné à notre temps de voir se réaliser, mais qui n'en resteront pas moins la noble espérance de tous ceux qui pensent que les hommes n'ont pas été jetés sur cette terre pour s'entre-égorger.

LE FER ET L'ACIER.

Le fer est incomparablement le plus utile de tous les métaux. L'or pourrait disparaître de ce monde sans que la civilisation en fût beaucoup troublée. Si demain, par l'effet d'un prodige subit, le fer nous était ravi, ce serait une indescriptible calamité. Tout rétrograderait : la civilisation serait du même coup frappée d'impuissance. La diminution du prix du fer ou l'élévation de sa qualité pour le même prix sont des circonstances essentiellement propres à déterminer l'accroissement de la *puissance productive* de l'homme et le développement de la *richesse* dans la société. De là on peut conclure, en passant, que toute combinaison, législative ou administrative, qui enchérit le fer, est anti-économique, pour ne pas dire anti-sociale.

Un des progrès qui, déjà en 1862, étaient plus que prévus, est la fabrication de l'acier Bessemer, due à l'ingénieur anglais dont elle porte le nom. C'est, à proprement parler, une rénovation de l'industrie du fer. Ce métal, à l'origine des temps historiques, était d'un prix élevé. Un morceau de fer était une récompense qu'on s'estimait heureux de gagner dans les joutes auxquelles se livraient les héros de la Grèce primitive. Depuis l'ouverture du dix-neuvième siècle, le prix du fer a été fortement réduit par l'amélioration des procédés, et spécialement par la substitution du combustible minéral au charbon de bois.

L'acier, jusqu'à ces derniers temps, s'obtenait beaucoup plus dispendieusement dans la plupart des cas. Aujourd'hui l'on fabrique couramment et sur la plus grande échelle, à des prix très-modérés, un acier qui satisfait à un grand nombre d'usages ; cette réduction aura pour conséquence naturelle, d'ici à peu d'années, la substitution de l'acier au fer, dans tous les cas où il est avantageux d'employer un métal de grande résistance.

Les navires en fer remplacent avantageusement les navires en bois. Entre autres supériorités, ils ont celle de peser moins pour le même volume, et par conséquent, d'offrir un plus grand tonnage utile. L'acier possède, par rapport au fer, le même avantage.

Une chaudière en acier offre la même résistance, avec un poids notablement moindre, qu'une chaudière en fer et aura pour le moins autant de durée. Il s'en fabrique beaucoup aujourd'hui.

Pour les ponts en fer, l'acier fournit des ressources précieuses ; on obtient la même solidité avec un poids beaucoup moindre.

La rouille ronge l'acier moins vite que le fer. En général, les pièces des machines diverses, si elles sont faites en acier, auront plus de légèreté et en même temps plus de durée que si elles étaient en fer.

Pour les rails des voies ferrées, la substitution du nouveau métal au fer promet une amélioration importante, non-seulement par l'économie qui en résultera pour l'entretien de la voie, mais aussi au point de vue de la sécurité du voyageur. On se ferait difficilement une idée de la rapidité avec laquelle s'usent les rails des lignes très-fréquentées. On estime que la durée d'un rail ne va pas au delà de quatre années, au voisinage des grandes gares comme celles de Paris, et au delà de huit ou dix ans sur l'ensemble d'une ligne fréquentée comme celle de Paris à Lille ou de Paris à Marseille. Avec l'acier on pourrait compter sur une durée de trente ou quarante ans. Aussi, les Compagnies de chemins de fer se sont-elles déterminées à cette substitution, au moins pour la partie la plus fatiguée de leur parcours. En Angleterre, il y a déjà quelque temps qu'elles procèdent au changement. En France, elles ont été lentes à se décider, mais en ce moment la Compagnie de Paris à Lyon et à la Méditerranée établit des rails en acier tout le long de l'artère de Paris à Marseille, longue de 863 kilomètres.

OUTILLAGE DES FORGES.

Un aspect intéressant, sous lequel se présente l'industrie des fers, et qui explique les progrès qu'y a faits la puissance productive, c'est la grandeur des moyens mécaniques qu'elle s'est mise à employer, depuis peu de temps, et, comme conséquence, la dimension et la perfection des produits qu'elle livre au commerce. Pour les navires à vapeur des marines militaires, il a fallu des pièces bien plus fortes que celles qu'on employait autrefois, surtout depuis qu'on les a cuirassés et qu'on a dû les munir de machines proportionnées à leur poids. De même pour les paquebots ayant de longs trajets à parcourir : l'exemple des chemins de fer ayant rendu général le désir d'une plus grande vitesse dans les autres moyens de locomotion, on s'est décidé à les pourvoir de machines beaucoup plus puissantes, et les organes de ces machines ont dû être en proportion de leur force et de la rapidité de leurs mouvements. On y voit des arbres de couche d'une dimension énorme, des bieilles et des manivelles analogues; enfin on munit ces paquebots de grands gouvernails d'une seule pièce de fer.

La fabrication des plaques épaisses et parfaitement soudées, que nécessitent le blindage des navires et la protection des fortifications sur terre, n'a pas peu contribué à obliger les forges à se procurer des moyens d'action plus puissants et un outillage en état d'exercer ou de transmettre les plus grands efforts.

On a éprouvé aussi le besoin de feuilles de tôles d'une très-grande longueur, dont la fabrication exigeait plus de force et diverses dispositions plus amples que celles qui suffisaient à des plaques plus courtes.

On s'est posé et on a résolu le problème de fabriquer, pour ainsi dire d'un seul coup, à la mécanique, des pièces qui auparavant résultaient de l'ajustage de plusieurs parties établies séparément. On peut citer en ce genre les bandages sans soudure, pour les roues destinées aux wagons de chemins de fer, et des fers en T de 25 à 30 mètres de long, ayant jusqu'à 1 mètre de hauteur d'âme. L'échelle sur laquelle ces diverses fabrications sont montées est si grande que MM. Petin et Gaudet ont pu livrer aux Compagnies de chemins de fer plus de six cent mille de ces bandages.

En résumé, l'industrie des forges a transformé sa production, en se pourvoyant d'un matériel tout nouveau et d'une puissance extrême. Ou retrouve ce fait à des degrés divers dans tous les grands établissements de ferronnerie de l'Angleterre et du continent; à cet égard, il convient de citer les ateliers du Creuzot et ceux de la circonscription de Rive-de-Gier, qui comprend les établissements de MM. Petin et Gaudet, de MM. Marrel frères et de MM. Russery et Lacombe.

Telle est la perfection à laquelle a été porté l'outillage, que l'on produit des feuilles de tôle minces à ce point que quatre mille, l'une sur l'autre, ne font qu'une épaisseur de 2 centimètres et demi.

FABRICATION DE LA GLACE.

La glace peut, dans les usages domestiques, rendre des services fort divers. Pendant l'été, les boissons fraîches ne sont pas seulement agréables, elles sont recommandées par l'hygiène. Dans une foule de maladies, la glace serait d'une assistance décisive, et par exemple, quand il s'agit des blessés et des amputés. Dans les maisons isolées, loin des marchés, elle sert à conserver des approvisionnements de viande et d'autres denrées que la chaleur corrompt rapidement. Enfin, dans l'industrie, il est une multitude d'opérations qu'elle peut faciliter. Les Américains s'en servent pour des opérations commerciales qui ont bien leur importance. Ainsi, en toute saison, on transporte des viandes de la vallée de l'Ohio à Baltimore, à Philadelphie, à New-York, en les entourant de glace. Les Norwégiens emploient le même expédient, pour apporter frais aux contrées de l'Europe moyenne ou méridionale le poisson de mer qu'ils viennent de pêcher.

Il n'est pas possible toujours, à beaucoup près, de s'adresser aux glaciers que la nature a placés parmi les hautes chaînes de montagnes. C'était donc un problème utile à résoudre que celui de faire la glace sur place, en quelque lieu à peu près qu'on se trouvât, autrement que par ces mélanges réfrigérants qui, depuis longtemps, permettaient d'en faire de fort petites quantités, mais ne la produisaient que très-chèrement.

Deux frères, MM. Ferdinand et Edmond Carré, ont donné, chacun par moitié, la solution du problème.

On avait déjà remarqué, à l'exposition de 1862, la machine à faire la glace de M. Ferdinand Carré. Cet habile inventeur met à profit la propriété qu'ont les liquides d'absorber une grande quantité de chaleur, en passant à l'état gazeux. Il est aujourd'hui parvenu à produire la glace artificiellement, à peu de frais et sur une grande échelle.

Voici en quoi consiste l'opération de M. Ferdinand Carré : on enferme dans une des branches d'un siphon métallique une dissolution de gaz ammoniaque dans l'eau ; on chauffe cette première branche jusqu'au degré de l'ébullition ; l'ammoniaque se distille et va, sous la forte pression qui existe dans l'appareil, se condenser dans la seconde branche qui est plongée dans l'eau froide.

Si on laisse ensuite refroidir la branche du siphon qu'on avait chauffée, et dans laquelle il ne reste plus que l'eau où l'ammoniaque était dissoute, un vide relatif se fait par l'absorption dans l'eau refroidie du gaz ammoniac demeuré épars dans l'appareil, et l'ammoniaque liquéfiée, qui était transportée dans l'autre branche du siphon, se distille à son tour. Par là il se produit, autour de cette branche du siphon, un froid intense, qu'on utilise pour faire passer à l'état de glace une certaine quantité d'eau mise en contact avec cette partie de l'appareil.

Le travail est continu, et, à la condition d'opérer sur une certaine échelle, on produit ainsi la glace tout à fait économiquement. Avec un appareil de 4,800 francs, on obtient 25 kilogrammes de glace par heure, à l'état de cylindres longs et commodes à manier ; elle revient à 5 centimes environ le kilogramme. Un appareil de 24,000 francs rend 200 kilogrammes par heure, et le prix de revient n'est plus que de 1 centime.

APPLICATION DE LA MÉCANIQUE.

C'est un des caractères dominants de l'industrie moderne, le plus saillant de tous peut-être, que la mécanique la pénètre de toute part. Toutes les branches de l'industrie éprouvent les unes après les autres cette sorte d'invasion. Elle a toujours pour effet l'augmentation de la puissance productive de la société, la multiplication des produits pour une même quantité de travail humain, et les cas ne sont pas rares où l'accroissement soit dans des proportions colossales.

Par la vertu de la mécanique, des fabrications qui, naguère, formaient le lot de quelques artisans peu et mal outillés, établis dans une petite boutique ou une chambre, passent successivement à l'état de grande industrie. Presque tout s'y faisait à la main ou avec un petit nombre d'instruments d'une grande simplicité. Aujourd'hui, elles ont un nombreux outillage mis en mouvement par la vapeur ou par des chutes d'eau, et on y peut observer d'une manière très-accentuée la division du travail marchant de front, ainsi que c'est la règle, avec l'introduction des machines et des outils perfectionnés.

Au milieu de fabrications nombreuses qui composent les articles dits de Paris, celle des lorgnettes de spectacle est devenue récemment, grâce à la mécanique, une grande industrie, très-bien outillée, avec une extrême division du travail.

La même observation s'applique aux porte-plumes,

aux encriers en tôle mince vernissée, et à mille articles analogues.

L'industrie de la chapellerie a été renouvelée par la mécanique. L'homme auquel elle est le plus redevable est un chapelier de Paris, M. Laville. C'est par l'initiative de cet intelligent et infatigable manufacturier que la chapellerie est devenue si prospère en France. La chapellerie ainsi outillée a rapidement décuplé sa production. Elle a su aussi utiliser de nouvelles matières. Il y a peu d'années, le chapeau de soie était presque le seul qu'on fabriquât. A présent, il ne représente pas plus du vingtième de la production totale. C'est le feutre qui est devenu le tissu en vogue, et il s'est prêté à tous les usages et à toutes les formes. Le succès général de cette fabrication a donné naissance à des industries toutes nouvelles, telles que les « couperies de poils. »

A vrai dire, il faut s'attendre à ce que toutes les industries passent par là l'une après l'autre. Les industries du bâtiment semblaient plus que d'autres vouées au travail manuel, la mécanique aujourd'hui s'en est emparée.

La menuiserie se fait à la mécanique. Il en est de même de la serrurerie, jusques et y compris les clous de tout échantillon. On façonne mécaniquement les charpentes, et on taille mécaniquement les pierres. Une machine pétrit le mortier, une autre élève les pierres ou les briques, en remplaçant, pour les maçons, l'apprenti qu'ils appelaient l'*oiseau*.

On fabrique à la mécanique des châlets tout entiers en pièces numérotées, pour être expédiés, par les chemins de fer, aux départements et au delà des mers, à l'étranger, sur le modèle de ceux de la Suisse.

Parmi les machines nouvelles qui aspirent à remplacer les doigts de l'homme, même dans les détails de la vie privée, on a vu au Champ-de-Mars une machine à faire des cigarettes.

La mécanique a complétement transformé l'art de la meunerie et de la boulangerie.

L'exposition montrait en concurrence, et constamment en activité, les appareils Lebaudy, et ceux que mettent en usage, pour leur clientèle, deux boulangers de Paris, MM. Plouin et Vaury. Chaque jour, le public s'arrachait le pain, à la sortie du four. Dans les deux boutiques, le pétrin mécanique était seul en usage. Ainsi va être supprimé le travail du geindre, si peu attrayant pour le consommateur et si dur pour l'ouvrier, au corps nu et à la sueur ruisselante.

La maréchalerie tend à devenir un art essentiellement mécanique : MM. Mausoy, de Clichy, fabriquent, à la machine, des fers de tous modèles, au moyen d'un outillage perfectionné. Leur usine n'est déjà plus la seule qui marche sur cette donnée.

La France produit actuellement, par an, pour 25 à 30 millions de francs de cols-cravates. C'est la machine à découper et la machine à coudre qui ont donné à la lingerie dite de confection le moyen de s'étendre à ce point, par la modicité de plus en plus marquée des prix de vente. A Paris, plus de dix mille ouvrières vivent de cette industrie de la lingerie en grand, et leur salaire est loin d'avoir baissé par l'introduction des machines; elles gagnent en moyenne 2 francs par jour, et les plus laborieuses vont jusqu'à 4 francs.

Qu'était l'art dentaire il y a un siècle? un métier borné et immobile. Et qu'était le dentiste? un praticien vulgaire. Aujourd'hui le dentiste, pour réussir, doit être un chirurgien savant, et il a à son service des industries montées en grand : la fabrication des instruments mêmes, celle des dents, celle des pièces en caoutchouc, celle d'un or particulier.

MACHINES A COUDRE.

Les promesses que faisait la machine à coudre, aux expositions précédentes, se sont amplement réalisées. Cet ingénieux mécanisme se répand avec une grande rapidité. Il est devenu d'un maniement très-facile, et il ne se dérange pas; il est ainsi à l'usage des familles. C'est une précieuse ressource à la campagne, et, pour l'ouvrière qui a pu se la procurer, une fortune. La machine en elle-même a été rendue à la fois et plus parfaite et plus utile. Elle fait aujourd'hui toutes les sortes de points. Dans les grands établissements de confection, tels que celui de M. Hayem, de Paris, où l'on exécute en toile tous les articles, les plus délicats comme les plus ordinaires, on n'a plus lieu de se servir de l'aiguille. En même temps que l'utilité de la machine à coudre augmentait, le prix a diminué.

On peut s'expliquer d'un mot le succès de cette machine, ou plutôt de ces machines, car il en existe plusieurs modèles : d'après MM. Wheeler et Wilson, de New-York, il faudrait, pour confectionner une chemise d'homme, quatorze heures vingt-six minutes de travail d'une couturière ; il suffit d'une heure seize minutes avec la machine. Celle-ci faisant 640 points à la minute dans la toile fine, une ouvrière n'en fait que 23, vingt-huit fois moins.

Pour la machine à coudre, quoiqu'il y en ait en Europe, et notamment en France, d'habiles constructeurs, la palme appartient aux États-Unis, où la production en est immense. La seule maison Wheeler et Wilson fabrique et vend 50,000 machines par an ; les fabricants européens n'atteignent pas 15,000.

INSTRUMENTS ET APPAREILS DE CHIRURGIE.

La construction des instruments et appareils de chirurgie a fait en Europe de grands progrès. Elle en a surtout fait en France. Les plus illustres chirurgiens ont fourni leur concours actif et empressé aux constructeurs ; ceux-ci, se mettant à la hauteur de ces opérateurs éminents, ont fait beaucoup d'efforts et de sacrifices pour perfectionner et pour innover avec succès.

Entre autres instruments, on remarque le *cautère à gaz,* qui applique une chaleur de 1,000 degrés.

On doit signaler pareillement l'emploi du protoxyde d'azote, comme anesthésique, à la place du chloroforme, qui est plus redoutable. Dans un autre genre, on a remarqué un appareil de M. Émile Javal, l'*optomètre*, qui redresse certains yeux dont on ne savait jusqu'ici comment corriger les défauts.

On sera plus frappé encore des ingénieux moyens qu'un amateur, mû par de nobles sentiments et aussi

16

modeste que dévoué, M. de Beaufort, a imaginés pour rendre aux amputés l'usage des membres qu'ils ont perdus. Ces mécanismes joignent à l'avantage de l'efficacité celui d'un très-bas prix. Un soldat revenu de la Crimée, amputé des deux bras, a pu, avec les appareils Beaufort, faire quatre parties d'échecs, sans que son adversaire se doutât de sa mutilation.

GALVANOPLASTIE, ÉLECTRO-MÉTALLURGIE.

La galvanoplastie, qui remonte déjà à une trentaine d'années, est devenue récemment, par les perfectionnements successifs qu'elle a reçus, une grande industrie, qui ne concourt pas seulement à orner l'intérieur de nos maisons, en y répandant de jolis objets d'art, d'un fini remarquable, mais qui peut contribuer aussi à l'ornementation la plus apparente de nos cités, puisque l'exécution des articles les plus volumineux a complétement cessé de l'effrayer. On a pu voir, à l'exposition, la reproduction en cuivre de grands reliefs tirés de l'Arc de Constantin à Rome. Un de nos musées, auquel l'exposition aurait pu l'emprunter, au moins en partie, offre, en panneaux détachés, un objet d'art d'un format plus grand encore : c'est la copie en cuivre, grandeur naturelle, par la galvanoplastie, de la colonne Trajane. Une pièce de cette dimension mériterait qu'on l'érigeât au milieu d'une place publique, où elle deviendrait un des embellissements de la capitale. Voilà où en est venue, petit à petit, cette invention qui avait commencé par des imitations de médailles et de camées, et qui sembla présomptueuse quand, en 1849, elle exposa un Christ d'un mètre de longueur.

En se modifiant, dans le but d'obtenir des produits du même aspect, mais moins coûteux, la galvanoplastie est arrivée à faire d'autres objets qui déjà servent effectivement à embellir nos places publiques et nos rues. L'industrie qui se livre à ce nouveau genre est souvent désignée sous le nom d'électro-métallurgie. En déposant une couche de cuivre, métal inattaquable à l'air, dont on règle l'épaisseur à son gré, sur la fonte de fer, métal à vil prix, fort aisé à modeler, mais fort oxydable, elle fournit le moyen d'exécuter à bon marché des pièces monumentales, du même effet que si elles étaient coulées en bronze de Corinthe.

L'inventeur de la galvanoplastie est M. H. de Jacobi, de l'Académie des sciences de Saint-Pétersbourg. C'est lui qui, s'attachant à élaborer son idée, l'a fait passer successivement par les phases qu'elle a traversées jusqu'à ce jour. M. Oudry est un des hommes qui ont le plus contribué à faire jouir le public de ces conquêtes de la science. Il a établi à Auteuil de grands ateliers, où il a exécuté la copie des reliefs de l'arc de Constantin, et celle, que nous venons de mentionner, de la colonne Trajane.

NOUVELLES COULEURS TIRÉES DU GOUDRON DE GAZ.

Parmi les progrès dus à la chimie, il n'en est pas de plus intéressant que la continuation des découvertes de matières colorantes puisées dans le goudron de houille. Dès 1862, on énumérait treize couleurs ayant cette origine, et que la teinture utilisait. Elles formaient presque toute la gamme du spectre solaire. L'exposition de 1867 ne révèle pas moins de dix produits nouveaux, avec des subdivisions. C'est ainsi qu'on a la série des marrons, des gris et des noirs, un jaune, des violets et des verts fort estimés.

De plus, les opérations se sont simplifiées, ce qui a déterminé la baisse des prix. Ces substances colorantes, dont la plupart sont aujourd'hui des corps bien définis chimiquement, s'obtiennent plus pures, plus faciles à fixer, et moins fugaces. C'est sous ce dernier aspect qu'elles laissaient le plus à désirer. Si elles n'ont pas encore acquis un degré de solidité qui permette de les employer pour la teinture des étoffes destinées à un long usage, telles que celles qui servent dans l'ameublement ou que les draps, elles ont du moins acquis la durée qu'il faut pour les articles de modes.

MATÉRIAUX ARTIFICIELS.

En fait de pierres artificielles, on peut noter la pierre de Ransome, qui se fabrique en malaxant du sable ou de la craie, et au besoin d'autres substances minérales, avec un peu d'hydrosilicate de soude. On trempe ensuite, le moule qui contient le mélange, dans une dissolution de chlorure de calcium, il se forme ainsi un hydrosilicate de chaux qui cimente les matières. Cette pierre artificielle est d'une remarquable dureté. En Angleterre, où elle a été imaginée, elle revient, une fois en place, à un prix moins élevé que la pierre naturelle, parce qu'elle n'a pas à supporter les frais de taille et de modelage, et aussi parce que la bonne pierre naturelle est rare dans ce pays.

Divers ciments, dont quelques-uns remontent à un certain nombre d'années déjà, se répandent de plus en plus. Il faut citer le ciment dit de Portland, fort employé aujourd'hui, et dont des fabriques se sont élevées partout. Le procédé de fabrication consiste à peu près uniformément à mélanger intimement un carbonate de chaux très-divisé, tel que la craie avec de l'argile. D'autres fois, c'est une marne argileuse qu'on associe à un calcaire marneux, et quelquefois tout simplement un calcaire marneux d'une nature toute particulière, sans aucune addition. On fait la cuisson du mélange, ou de la matière unique dans le dernier cas qui vient d'être indiqué, à une température très-élevée. Le ciment Vicat diffère du ciment de Portland en ce que l'argile s'y mêle à la chaux éteinte, c'est-à-dire à du calcaire déjà cuit. Il est estimé à l'égal du ciment de Portland, et même plusieurs ingénieurs le préfèrent.

Le béton Coignet, qui acquiert moins de dureté que ces deux ciments, n'en est pas moins une excellente ressource dans beaucoup de cas. Il résulte d'un mélange, fortement battu au moment où on l'emploie, de sable et de chaux hydraulique, avec une médiocre proportion de ciment. Il donne le moyen de faire des murs de quai et de grandes maisons entières d'un seul bloc. A Paris, on en a construit des égouts ; au Vésinet, près de Saint-Germain-en-Laye, une église.

Pour réussir, il exige des ouvriers exercés et attentifs ; dans plusieurs circonstances, il a procuré une économie importante.

Les compositions dites *similipierre* ou *similimarbre*, paraissent être entrées, à un degré déjà remarquable, dans l'usage courant.

PONTS.

Les ponts en fer se multiplient. Le système qui a le plus de faveur est celui qui consiste à les construire au moyen de poutres droites, placées horizontalement et composées de feuilles de tôle fortement rivées les unes aux autres. Des poutres horizontales n'exerçant sur les piles et culées que des efforts verticaux ou à peu près, il en résulte une économie, puisque les appuis peuvent être d'une moindre masse. Avec elles on peut se permettre des ouvertures extraordinaires. Quand les fondations sont difficiles ou les piles très-hautes, l'avantage des poutres droites est considérable. L'idéal de ces ponts, au point de vue de la difficulté vaincue, est celui que Robert Stephenson a jeté sur le détroit de Menai : la poutre y a reçu des dimensions telles que les trains de chemins de fer passent dans l'intérieur, entre ses parois. Ce grand ouvrage offre des portées de 150 mètres. On a fait aussi des ponts où les piles mêmes étaient en métal, système applicable surtout dans les cas où l'élévation est très-grande. La préférence donnée aux ponts métalliques à poutres droites n'a pas empêché d'en faire qui fussent arqués. On a construit aussi, dans ces derniers temps, des ponts en fonte dont la construction elle-même est fort bien entendue. Le beau pont de Tarascon, sur le chemin de fer de Paris à la Méditerranée, est en fonte ; de même celui de Constantine, en Algérie ; ce dernier est d'une seule arche de 56 mètres.

L'art de construire les ponts n'offre aucune innovation plus intéressante que la fondation des piles au moyen de l'air comprimé. La compression de l'air refoule l'eau de l'intérieur d'un grand caisson en tôle, placé à l'endroit où il s'agit de faire la pile, et subdivisé en plusieurs parties formant des caissons séparés. On occupe ainsi toute l'aire de la pile. Chacun des caissons partiels s'enfonce à mesure qu'on en retire les sables et graviers. Les ouvriers travaillent à sec dans le caisson, grâce à l'air comprimé qui fait refluer les eaux. Quand on est parvenu à la profondeur voulue, on emplit le caisson de béton ou de maçonnerie, toujours au milieu de l'air comprimé.

LES CHEMINS DE FER ET LA NAVIGATION A VAPEUR.

La facilité des transports est un des aspects sous lesquels l'industrie a le plus gagné dans les derniers temps. Sur terre, ce sont les chemins de fer qui de plus en plus se multiplient et qui, dans les directions les plus importantes, accélèrent leur service. Les canaux, quoiqu'ils aient subi la concurrence redoutable des chemins de fer, continuent d'être fort fréquentés. On n'a pas cessé de les entretenir et de les perfectionner, et même quelques canaux nouveaux se construisent. Les fleuves ont reçu et reçoivent quotidiennement des améliorations d'un grand effet. A Paris même, juste pendant l'exposition, un nouveau barrage établi dans le lit de la Seine, celui de Suresnes, a fait sentir son influence heureuse en permettant l'inauguration, au travers de la capitale, d'un service d'omnibus à vapeur qui a survécu.

Sur mer, les paquebots à vapeur deviennent sans cesse plus nombreux et se perfectionnent indéfiniment au point de vue de la célérité et du confort. C'est ainsi que d'Europe en Amérique, de Brest ou de Liverpool à New-York, la traversée est maintenant réduite à neuf jours : neuf journées passées avec un remarquable degré de bien-être.

Le changement produit par les chemins de fer est plus sensible que celui qui résulte des bateaux à vapeur, parce qu'il est d'un usage plus universel. On peut y faire participer toutes les parties d'un vaste territoire, tandis que les paquebots ne sont possibles, quand il s'agit des grandes distances, qu'entre des ports qui soient le siége d'un grand commerce.

Mais le bateau à vapeur maritime ne doit pas être considéré seulement à l'état de paquebot, c'est-à-dire de navire destiné à transporter principalement des voyageurs et des dépêches. Il sert aussi au transport des marchandises, indépendamment de celles que portent les paquebots proprement dits, et qui forment le complément très-productif de leurs affaires. La mer est un moyen de communication qui a une immense étendue, s'ouvre dans des milliers de directions et pénètre dans toutes les parties du globe. Les véhicules qui y servent, de plus en plus perfectionnés dans la série des âges, éprouvent de nos jours une rénovation.

C'est le fer et puis l'acier qui se substituent au bois pour la coque, c'est la vapeur qui tend à devenir le moteur habituel.

La navigation à vapeur pour les marchandises, qui d'abord coûtait très-cher, gagne du terrain aujourd'hui sur la navigation à voiles, au moyen de combinaisons fort heureuses. L'Inde même et l'Australie sont desservies par des navires à vapeur, et l'on prévoit, dit M. de Fréminville, le moment où ces navires seront les seuls employés à des opérations mercantiles de quelque importance.

Par l'habileté et l'énergie avec lesquelles les armateurs anglais se sont appliqués à utiliser le navire à vapeur, et par le concours habile qu'ils ont trouvé dans les grands établissements de construction établis sur la Tamise, sur la Clyde ou sur la Mersey, et même à Newcastle, à Sunderland et Dumbarton, ils ont fait des pas immenses et ils ont reconquis pour leur patrie, au point de vue commercial, l'empire des mers que les armateurs des États-Unis semblaient au moment de lui ravir, lorsque le Parlement vota la loi qui étendait à l'industrie de la navigation la liberté du commerce. C'est ainsi que l'Angleterre n'a qu'à se féliciter d'avoir eu foi dans le génie de la liberté commerciale.

Le *Statistical abstract* montre que, dans le commerce étranger proprement dit, l'Angleterre, en 1850, n'avait que 86 navires à vapeur du port de 45,186 tonneaux avec 3,813 hommes d'équipage, contre 7,149 navires à voiles, du port de 2,143,234 tonneaux, montés par 93,912 hommes.

C'est, quant au tonnage, une proportion de 2 pour 100, et, pour le personnel des matelots, de 4.

En 1867, le nombre des navires à vapeur était monté à 834, leur tonnage à 608,232 tonneaux et leurs équipages à 31,411 hommes, contre 17,567 bâtiments à voiles, d'un tonnage de 3,511,827 tonneaux, montés par 106,364 hommes. A cette dernière date, la proportion entre la vapeur et la voile est, pour le tonnage, de 17 pour 100, pour le personnel, de 30.

Le nombre total des navires à vapeur, en Angleterre, déduction faite des bâtiments de rivière, était en 1867, de 1,616, avec un tonnage de 812,677 tonneaux et un personnel de 43,111 hommes, contre 20,161 navires à voiles jaugeant 4,681,031 tonneaux et montés par 153,229 matelots.

Au 31 décembre 1866, la France possédait 15,230 navires à voiles, ne jaugeant que 915,034 tonneaux et 407 navires à vapeur du port de 127,777 tonneaux.

EMPLOI DU DIAMANT POUR LES FORAGES.

Telle est l'harmonieuse unité de la nature que tout ce qu'elle présente peut être tourné à l'avantage de l'homme. Un tel objet, de l'apparence la plus vulgaire et même la plus rebutante, est quelquefois la matière première d'un article de grand luxe ; réciproquement, tel objet, ordinairement à l'usage du luxe le plus éclatant, peut se prêter à une destination modeste et se mettre à rendre avec avantage des services qu'on était habitué à demander à des matières fort ordinaires. Le goudron de gaz, ce liquide noir et infect d'où l'on extrait l'aniline, point de départ de tant de brillantes couleurs, est un exemple du premier cas ; le diamant en offre un du second. Ce corps, qui ne semblait bon qu'à satisfaire la plus belle moitié du genre humain, peut servir autrement que comme une coûteuse superfluité. On est parvenu à en faire, malgré son prix élevé, incomparable, l'instrument d'un travail assez humble. Il y a longtemps que les vitriers emploient, pour découper le verre, des pointes de diamant, débris des ateliers où l'on taille les pierres précieuses. Aujourd'hui se révèle pour le diamant un usage nouveau, où seul il peut parfaitement réussir ; c'est d'armer l'extrémité des outils avec lesquels on fore les roches dures, et nommément le quartz, que le mineur, à son grand regret, rencontre souvent sur son chemin : les ingénieurs du percement du mont Cenis en savent quelque chose.

C'est le diamant noir qui a été appliqué à cette destination avec un plein succès ; il coûte beaucoup moins cher, mais il a autant de dureté que la plus belle eau.

LE PÉTROLE.

Une des plus remarquables nouveautés industrielles qui aient signalé les dernières années, est l'exploitation du pétrole dans l'Amérique du Nord. On a ici la mesure des résultats qu'un peuple peut tirer d'une découverte, même dans un court intervalle de temps, lorsqu'il possède à un haut degré le génie de l'industrie, qu'il cultive les sciences, non-seulement à cause des grandes vérités qu'elles révèlent à l'esprit, mais aussi en vue de leurs applications aux arts utiles, que le capital ne lui fait pas défaut, et qu'il s'est assuré la jouissance de la liberté du travail. Le pétrole était une curiosité plutôt qu'une richesse, en Amérique comme ailleurs, lorsque, dans l'État de Pensylvanie, quelques hommes intelligents, remarquant cette huile qui coulait en petite quantité à la surface du sol, y constatèrent la présence d'éléments assez divers, et se demandèrent si, par une exploitation rationnelle, on ne pourrait pas en tirer du sein de la terre de grandes quantités.

Une industrie tout entière s'est édifiée sur cette pensée, dans la Pensylvanie, où le pétrole est de qualité supérieure, et dans diverses localités de l'Amérique du Nord, en dehors de cet État. Le pétrole est aujourd'hui la base d'un vaste commerce qui, de l'autre côté de l'Atlantique, a déterminé la fondation de plusieurs villes, et qui occupe une grande quantité de navires pour porter le pétrole brut en Europe et dans quelques autres contrées, où il est raffiné. Ce raffinage est plus qu'une simple épuration ; il fractionne le pétrole brut en plusieurs produits distincts, ayant chacun son emploi spécial.

On calcule que, depuis 1861 jusqu'en 1867, il a été extrait ainsi du sein de la terre, dans l'Union américaine, 1,300 millions de litres de pétrole, faisant au delà de 1,040,000 tonnes, et dont les trois quarts ont été exportés en Europe. La progression est continue : en 1861, l'exportation fut d'un peu plus de 5 millions de litres ; en 1866 et 1867, elle a dépassé 300 millions. Le litre brut a varié de prix entre 20 et 30 centimes, de sorte qu'au prix moyen de 25 centimes, 400 millions de litres feraient 100 millions de francs. Le pétrole est devenu, après un si petit nombre d'années, le troisième article, par ordre d'importance, de l'exportation des États-Unis.

Le raffinage de la substance brute a donné naissance, en Europe, à des établissements dont on peut voir le modèle à Nanterre, près Paris. Ces usines fournissent plusieurs produits oléagineux, depuis une huile légère, qui remplace l'essence de térébenthine, jusqu'aux huiles les plus épaisses qui servent au graissage des machines, et une petite proportion de paraffine, corps d'un beau blanc, dont on fait des bougies. Le plus intéressant de ces produits, brûlé dans des lampes d'une forme particulière et à bon marché, fournit l'éclairage domestique à bien plus bas prix que les autres huiles ; grand avantage dans une ville comme Paris où tant de personnes industrieuses travaillent chez elles après le coucher du soleil et où, dans l'intérieur des familles, tant de luminaires sont en activité chaque soir. On estime que l'huile de pétrole et l'huile de schiste, autre éclairage de nature minérale auquel le pétrole se substitue à cause de son bon marché, font ensemble le quart au moins de la consommation de Paris. Avec le pétrole, l'éclairage ne revient qu'à la moitié de ce qu'il coûte avec l'huile de colza. Dès qu'on sera parvenu à le dégager complétement d'une odeur qui lui est propre, et à en rendre l'emploi plus généralement inoffensif, il se répandra beaucoup plus. Dans l'état actuel des choses, il ne paraît pas qu'en France le pétrole soit d'un usage aussi étendu que dans d'autres pays.

A l'imitation des États-Unis, on s'est mis à exploiter le pétrole, et en général les huiles minérales naturelles, dans plusieurs pays où l'existence de sources oléagineuses avait été constatée depuis longtemps. C'est en Russie que ces tentatives ont été le plus remarquables et paraissent reposer sur les bases les plus larges. La région qui entoure le Caucase forme la principale zone pétrolifère de l'Europe. Le pétrole s'y trouve dans les terrains tertiaires qui bordent les deux extrémités de la chaîne ; en ce moment les principales exploitations sont sur le littoral occidental de la mer Caspienne, aux environs de Bakou et dans la presqu'île d'Apschéron.

Des personnes dont l'opinion a du poids pensent que le pétrole est appelé à des usages nouveaux ; que, par exemple, on pourra en retirer un beau gaz d'éclairage à bas prix, et qu'il sera possible de s'en servir comme d'un combustible pour les machines à vapeur, particulièrement pour les machines motrices des paquebots ou des navires de guerre. Mais ce sont des questions dont l'étude est à peine commencée.

LE CAOUTCHOUC.

Le caoutchouc, quoiqu'il soit employé depuis peu de temps, joue déjà un grand rôle et on en retire sans cesse des effets nouveaux. On sait que c'est un suc gommeux qui s'extrait de certains arbres, simplement par des incisions dans leur écorce, comme la résine du pin maritime, et qui durcit promptement à l'air. Transporté en Europe à l'état d'extrême impureté, le caoutchouc y est l'objet d'une élaboration fort soignée, qui en tire un très-grand parti. Le suc est recueilli en général par des procédés fort grossiers. Quand une culture intelligente exploitera les forêts offrant les diverses essences d'où on le retire, il y a lieu de croire qu'il baissera de prix dans une forte proportion, et que, étant moins impur, il réclamera, une fois en Europe, des manipulations moins coûteuses, pour être amené à l'état de matière première parfaite. Ces diverses causes réagiront sur le prix des articles manufacturés, de manière à l'abaisser notablement.

Quels étaient, il y a un petit nombre d'années, les usages du caoutchouc ? Il servait aux collégiens à faire des balles qui rebondissaient vivement, et les employés de bureaux en avaient une plaque carrée, avec laquelle ils enlevaient les souillures de leur papier. Il ne fut guère applicable à d'autres destinations tant qu'on ne l'eut pas combiné avec le soufre, qui lui communique des qualités précieuses, sans cependant en changer beaucoup l'apparence extérieure, lorsqu'il ne dépasse pas une certaine dose. On fait ainsi du caoutchouc un corps plus maniable, plus uniforme, et d'une élasticité beaucoup plus stable.

Si, au point de vue de l'aspect, il y a peu de distance du caoutchouc pur au caoutchouc *vulcanisé*, c'est-à-dire combiné avec une certaine proportion de soufre, il y en a beaucoup du caoutchouc *vulcanisé* au caoutchouc *durci*, qui résulte d'une nouvelle addition de soufre. Celui-ci se prête à des usages tout autres. C'est dans ces deux états de vulcanisé et de durci que le caoutchouc rend des services. Jusqu'à présent, il est bien plus usité sous la première forme que sous la seconde.

Nous n'avons pas à énumérer ici les divers emplois du caoutchouc. On en trouvera l'indication, incomplète par la force des choses, dans les rapports dont il est l'objet. Il sert à faire une multitude d'articles commodes pour le vêtement et pour l'économie domestique. L'industrie l'emploie de même de cent façons. La médecine et la chirurgie ne s'en servent pas moins. Une fabrication d'appareils en caoutchouc, à l'usage de l'art de guérir, a été montée avec beaucoup d'habileté par un Français, M. Henri Galante. Le caoutchouc durci a pris une place intéressante dans l'art dentaire, pour former la base des rateliers, et dans les opérations chirurgicales où il s'agit de remplacer les os brisés par une substance permanente qui n'altère pas les tissus. Il n'est aucun de nous qui n'ait, dans son costume quotidien, du caoutchouc sous cinq ou six formes.

Les régions équinoxiales ont, à l'égard du caoutchouc, une très-grande puissance de production. L'Afrique, l'Asie et l'Amérique s'y prêtent également, et, en particulier, l'immense vallée du fleuve des Amazones y semble merveilleusement propre. Que des hommes industrieux s'en mêlent dans ces régions, et il se passera, pour le caoutchouc, quelque chose qui rappellera ce qu'on a vu, du fait des États-Unis, pour le coton : une production toujours croissante en quantité et en qualité, un prix de vente se réduisant sans cesse, un agrandissement rapide et indéfini de l'approvisionnement des manufactures européennes, la multiplication des usages, le perfectionnement de la qualité des produits manufacturés suivant d'un pas au moins égal celui de la matière première, et ces mêmes articles baissant de prix dans une plus forte proportion que la substance brute, grâce aux inventions de la mécanique.

Ces observations s'appliquent aussi, dans une certaine mesure, à la gutta-percha, substance précieuse, qui a des analogies avec le caoutchouc, mais qui en diffère aussi à plusieurs égards. La facilité avec laquelle la gutta-percha reçoit une empreinte, et la fidélité avec laquelle elle la conserve, ont été utilisées dans la galvanoplastie. De tous les progrès qu'a accomplis cet art intéressant, le plus remarquable peut-être a consisté dans l'emploi de la gutta-percha pour faire les moules. C'est aussi la gutta-percha qui a permis de fabriquer d'une manière supérieure le câble transatlantique, dans la composition duquel rien ne la remplacerait comme corps parfaitement isolant.

LA NITRO-GLYCÉRINE.

Une invention chimique sur laquelle l'attention a été justement appelée, est la nitro-glycérine, substance explosive qui remplacerait la poudre de mine. La poudre fit une révolution dans l'exploitation des mines et des carrières. Il est surprenant que la découverte de Roger Bacon, déjà vieille de plusieurs siècles et datant de l'enfance de la chimie, n'ait pas été détrônée encore, quand la chimie a livré à l'industrie tant de corps nouveaux, possédant des qualités puissantes en tout genre. Pour les travaux publics, qui ont pris de si grandes proportions depuis quelque temps, un agent plus actif que la poudre est fort désirable. Les fulminates semblent, au premier abord, donner la solution du problème; mais ils sont d'un maniement si dangereux qu'on a dû s'abstenir même de les essayer. Tout ce qu'on a pu faire jusqu'ici a été d'en fabriquer des capsules pour les armes à feu, ou d'en charger des torpilles sous-marines pour la défense des côtes ou des fleuves.

La nitro-glycérine se présente mieux. Non que le transport en soit exempt de périls ; quelques accidents très-graves ont montré le contraire. Mais on a un expédient bien simple, pour empêcher qu'il n'y en ait des explosions à bord des wagons de chemins de fer ou des paquebots : c'est de la faire sur place, au moment même de s'en servir, de façon à n'avoir jamais à la confier à un chemin de fer ou à un paquebot. Rien de plus facile que cette préparation ; elle peut s'improviser dans le désert. Il est à ma connaissance que la nitro-glycérine a été employée pendant neuf mois consécutifs, en remplacement et à l'exclusion de la poudre de mine, pour faire une tranchée large, profonde, dans un calcaire très-dur. On a enlevé ainsi plus de 10,000 mètres cubes de rocher, sans avoir à déplorer le plus léger accident. Le travail a été fait avec moins de la moitié du temps qu'il y eût fallu avec de la poudre, et la dépense a été réduite à moitié. La nitro-glycérine se préparait dans un endroit écarté, à une petite distance des travaux.

Jusqu'ici, la nitro-glycérine a été utilisée de préférence dans les travaux à ciel ouvert. On en a fait un grand usage dans les carrières de grès des Vosges et de Saverne. Pour s'en servir dans les puits et les galeries, il faut recourir à une ventilation énergique parce que quelques-uns des gaz produits par l'explosion de la nitro-glycérine exercent une action délétère sur l'économie animale. Cependant elle est d'un usage courant dans les mines royales de la Haute-Silésie, pour les travaux où l'eau se présente en abondance sous le fleuret du mineur ; on sait, en effet, que la nitro-glycérine éclate sous l'eau, sans aucune difficulté, et c'est une de ses supériorités.

Dans ces mêmes mines de Silésie, on essaye, en ce moment, une autre substance explosive, la dynamite, due à M. Nobel, l'inventeur de la nitro-glycérine. Ce nouveau produit, dont la puissance est égale à celle de la nitro-glycérine, c'est-à-dire quatorze fois plus grande que celle de la poudre, ne coûte, dit-on, que deux fois celle-ci, tandis que le prix de la nitro-glycérine est sept fois celui de la poudre.

CONSERVES LIEBIG.

Les nouvelles conserves alimentaires, dont le baron Justus de Liebig a doté l'économie domestique, représentent trente fois leur poids de viande fraîche ; elles ne contiennent que des substances solubles et sapides ; on a eu soin d'en éliminer la graisse qui rancirait et la gélatine qui moisirait. Grâce à cette précaution, l'extrait de viande se conserve aisément dans des boîtes même imparfaitement closes.

SUCCÉDANÉS DU CHIFFON DANS LA FABRICATION DU PAPIER.

La consommation du papier a pris de telles proportions que les débris de chiffons dont on le fait sont devenus fort insuffisants. Si l'on n'avait eu le moyen de les remplacer, au moins en partie, en introduisant dans la fabrication des beaux papiers une certaine proportion d'autres substances et en fabriquant les papiers les plus communs avec ces autres matières toutes seules, il n'y aurait pas eu de limites à la hausse des chiffons. L'industrie a donc dû se préoccuper d'extraire directement de certains végétaux la cellulose fibreuse qui constitue le papier.

On a eu recours à des procédés mécaniques et à des procédés chimiques.

La paille et le sparte sont les principaux de ces succédanés.

Le sparte donne de beau papier blanc ; cette plante, que l'Espagne et l'Algérie peuvent offrir en abondance, forme déjà la matière d'un certain commerce qui ne peut manquer de s'accroître. Les papeteries anglaises tirent de l'Espagne une grande quantité de sparte. Le tour de l'Algérie pourra et devra venir. Pour la plupart des papeteries françaises, il est moins avantageux, dans l'état actuel des choses, d'employer le sparte, à cause des frais de transport. La paille est une matière première moins distinguée, mais elle rend des services remarquables, parce qu'elle est sur place partout.

Enfin, on se sert du bois lui-même, matière à vil prix, relativement; on commence à en obtenir des résultats. On a même essayé des procédés qui en retireraient à la fois de la pâte à papier et de l'alcool. Ce serait magnifique.

LES ESPÉRANCES DE L'AVENIR

Le cours naturel des idées et des faits nous ramène, comme une force invincible, à la pensée par laquelle débute cette Introduction, l'harmonie des nations et l'établissement entre elles de bons rapports, reposant sur la solidarité des intérêts, aussi bien que sur l'identité des idées et des sentiments.

Mais la pensée de l'harmonie n'est pas encore celle qui prévaut en Europe. Le moment actuel révèle clairement l'antagonisme entre deux forces : l'une qui travaille au bon accord des peuples, au respect mutuel de leurs droits réciproques, par le triomphe des grands principes chers à la civilisation, et qui cherche la satisfaction de chacun dans le bien de tous ; l'autre, qui provoque des collisions dans lesquelles les forts, ou ceux qui se croient tels, se flattent de trouver leur agrandissement, en dehors des principes, par le droit du sabre et du canon.

L'Europe, qui se considère comme la représenta-

17.

tion la plus élevée du genre humain, l'Europe qui, à l'heure actuelle, possède encore le premier rang dans les sciences, les arts utiles et les beaux-arts, attributs distinctifs et signes caractéristiques de la civilisation, l'Europe dont les enfants, réunis dans l'enceinte de l'Exposition, semblaient prêts à se serrer dans les bras les uns des autres, offre bien plus l'aspect d'un camp que celui d'un groupe de communautés d'hommes industrieux et éclairés, honorant Dieu, aimant leurs semblables, jaloux de faciliter le progrès universel et individuel par le développement de la liberté générale et des libertés particulières.

Si loin qu'on remonte dans l'histoire, on ne retrouvera jamais une pareille collection d'hommes armés, un pareil amoncellement d'instruments de guerre.

Pendant ce débordement de préparatifs belliqueux, l'industrie, au contraire, amie de la paix, se manifeste par le déploiement de moyens qui, de même, surpassent tout ce qu'elle avait jamais pu étaler de puissance. Mais elle est arrêtée dans l'essor de ses entreprises par les appréhensions nées du débordement de l'organisation militaire. Elle en est frappée de stupeur.

L'antagonisme de ces deux tendances, ou, pour mieux dire, de ces deux forces, l'une et l'autre si énergiques et si actives, est un fait flagrant. Il est facile de dire à laquelle on souhaite la victoire, mais il est difficile de prévoir laquelle, quant à présent, fera pencher la balance.

Les âmes à la fois honnêtes, éclairées et généreuses, qui se passionnent pour la véritable grandeur et la gloire de bon aloi, ont fait leur choix; elles sont uniformes en faveur de la paix. Mais les passions violentes occupent une si grande place dans le cœur humain, elles ont si souvent dominé dans le monde, qu'il serait bien imprudent de tenir pour infaillible que les partisans du bon ordre européen et de l'harmonie des peuples, de la paix, en un mot, auront le dessus dans la controverse qui s'agite présentement au sein des cabinets des grandes puissances.

Il se peut bien que l'Exposition, admirable gage de paix, n'ait été que comme un météore, lumineux mais passager, sur un horizon destiné à s'obscurcir et à être déchiré par les orages.

A la fin et à la longue, la cause du progrès triomphe ; mais ce n'est qu'après des épreuves, car le sort de l'homme et sa loi c'est d'être éprouvé. Elle triomphe, mais le génie de la violence ne s'en est pas moins donné carrière et ne s'en est pas moins repu de dévastation et de sang. Le démon de la destruction, toujours attaché aux flancs des sociétés humaines, comme s'il avait sur notre planète un imprescriptible droit de suzeraineté, ne s'en est pas moins fait chèrement payer l'avancement dont les générations suivantes auront le bénéfice et savoureront les fruits.

Ainsi, ne nous faisons pas illusion, attendons que les destins prononcent. Mais n'attendons pas à la façon des Orientaux fatalistes, résignés à tout subir et recevant le choc des événements, quels qu'ils soient, sans chercher à les prévoir et à en modifier le cours. Dans les conjonctures où ils se rencontrent, les Européens doivent se souvenir et se servir de la vertu qui est propre à l'initiative des peuples libres ou dignes de l'être.

Le malheur des nations actuelles de l'Europe, malheur déjà douze ou quinze fois séculaire, c'est l'implacable rivalité des souverains et des gouvernements, rivalité épousée par les nations elles-mêmes.

Mais le temps est passé où cette jalousie invétérée, cet orgueil inextinguible, pouvaient se concilier avec la suprématie de l'Europe dans le monde.

L'histoire montre que la civilisation dont nous relevons est soumise à une loi générale qui la fait cheminer par étapes, à la manière des armées, dans la direction de l'Occident, en faisant successivement passer le sceptre aux mains de nations plus dignes de le tenir, plus fortes et plus habiles pour s'en servir dans l'intérêt général.

C'est ainsi qu'il semble que la suprême autorité soit au moment d'échapper à l'Europe occidentale et centrale, pour passer au nouveau monde. Dans la partie septentrionale de cet autre hémisphère, des rejetons de la race européenne ont fondé une société vigoureuse et pleine de séve, dont l'influence grandit avec une rapidité qui ne s'était encore vue nulle part. En franchissant l'Océan, elle a laissé sur le sol de la vieille Europe des traditions, des préjugés et des usages qui, comme des *impedimenta* lourds à mouvoir, auraient gêné ses allures et retardé sa marche progressive.

Dans trente années environ, les États-Unis auront, selon toute probabilité, cent millions de population. En possession des plus puissants moyens, répartis sur un territoire qui ferait quinze ou seize fois la France, et de la plus admirable disposition, ils se préparent, dès à présent, une alliance, rendue facile par le pressentiment commun de grandes destinées, avec un autre empire tout aussi vaste, quoique moins favorisé de la nature, qui se dresse à l'orient de l'Europe et qui, lui aussi, aura, à la fin du siècle, une population de cent millions d'hommes, animés d'une même pensée.

La concorde est indispensable à l'Europe occidentale et centrale si elle ne veut pas être dominée par ces deux colosses qui apparaissent, en dessinant chaque jour davantage leurs gigantesques proportions et leurs espérances, et en resserrant chacun son unité, comme pour frapper plus sûrement un grand coup, destiné à retentir d'un pôle à l'autre. Vainement les nations de l'Europe occidentale et centrale s'attribuent une primauté que, dans leur vanité, elles croient à l'abri des événements et éternelle ; comme s'il y avait rien d'éternel dans la grandeur et la prospérité des sociétés, ouvrages des hommes ! La société romaine était, elle aussi, infatuée de sa supériorité, quand les Germains passèrent le Rhin ou franchirent les Alpes pour la fouler aux pieds

Les nations de l'Europe occidentale et centrale seront vraisemblablement réduites, quelque jour, à un rang subalterne et peut-être abreuvées d'humiliations, si les deux nouveaux venus les trouvent épuisées par les guerres qu'elles auraient soutenues les unes contre les autres. Comment résisteraient-elles si elles avaient consumé, dans leurs querelles, les ressources qui auraient dû être pour elles des éléments de progrès et de puissance ?

Leur intérêt, leur besoin, leur devoir est de se rapprocher, de cimenter entre elles une forte alliance et de se constituer en une confédération, qui serait le salut commun, ainsi que le leur conseillait, il y a vingt-cinq ans, un des penseurs du siècle, qui vient d'être ravi aux lettres et à la philosophie, Victor Cousin.

Jamais l'on n'eut lieu davantage de répéter cette parole d'un grand homme, qui parlait admirablement de la paix, quoiqu'il aimât passionnément la guerre, Napoléon Ier : « Désormais toute guerre européenne est une guerre civile. »

Michel CHEVALIER.

TABLE DES MATIÈRES

SEIZIÈME SIÈCLE

La visite aux Ateliers.

DIX-SEPTIÈME SIÈCLE

Les Pérégrinations industrielles du chevalier de Malte.

DIX-HUITIÈME SIÈCLE

Les Arts mécaniques.

Condition des artisans avant la Révolution

LES PRIX COMPARÉS

L'INDUSTRIE FRANÇAISE AU XIXe SIÈCLE

PIÈCES JUSTIFICATIVES

TABLE ALPHABÉTIQUE

A

B

C

D

E

F

G

H

I

P

Q

R

S

Clichy. — Imprimerie Paul Dupont et Ce, rue du Bac-d'Asnières, 12